蔬菜加工专利项目精选

程晋美　编著

金盾出版社

内 容 提 要

本书由国家知识产权局审查员程晋美编著。书中汇集了2001—2008年间在国家申请的万件专利文献中的381例有关蔬菜加工的专利信息，目的是帮助农民获得蔬菜加工专利致富信息，为农产品加工增值提供门路。内容包括：蔬菜综合加工技术，大蒜、生姜、香椿、榨菜、野菜、莲藕、番茄、苦瓜、辣椒、竹笋、芦笋、胡萝卜加工技术，蔬菜饮料加工技术，蔬菜保鲜技术。本书适合乡镇企业人员和广大农民阅读，也可供高校食品加工专业以及从事农副产品综合利用等方面的科研人员参考。

图书在版编目(CIP)数据

蔬菜加工专利项目精选/程晋美编著. -- 北京：金盾出版社，2012.1

ISBN 978-7-5082-6975-7

Ⅰ.①蔬…　Ⅱ.①程…　Ⅲ.①蔬菜加工　Ⅳ.①TS255.36

中国版本图书馆CIP数据核字(2011)第074033号

金盾出版社出版、总发行

北京太平路5号(地铁万寿路站往南)

邮政编码：100036　电话：68214039　83219215

传真：68276683　网址：www.jdcbs.cn

封面印刷：北京凌奇印刷有限责任公司

正文印刷：北京军迪印刷有限责任公司

装订：兴浩装订厂

各地新华书店经销

开本：850×1168 1/32　印张：6.5　字数：197千字

2012年1月第1版第1次印刷

印数：1～8 000册　定价：13.00元

专利小知识

一、中国专利法的颁布、实施和修改

1. 中国专利法颁布和实施 《中华人民共和国专利法》经过5年多的孕育，1984年3月12日第六届全国人民代表大会常务委员会第四次会议通过后颁布。

1985年4月1日，以受理第1件中国专利申请为标志，开始了中国专利法的正式实施。

我国专利有3种保护形式，即发明、实用新型和外观设计，统称为发明创造。3种专利的保护内容、保护期限、审查制度、审查阶段等各不相同。首先，从保护内容来说，《中华人民共和国专利法》规定：专利法所称发明，是指对产品、方法或者其改进所提出的新的技术方案。专利法所称实用新型，是指对产品的形状、构造或者其结合所提出的适于实用的新的技术方案。专利法所称外观设计，是指对产品的形状、图案或者其结合以及色彩与形状、图案的结合所作出的富有美感并适于工业应用的新设计。其次，从保护期限来看，发明专利权的期限为20年，实用新型专利权和外观设计专利权的期限为10年，均自申请日起计算。再次，从审查制度来看，发明专利采取延迟审查制，即自申请日起满18个月时公布其申请文本，专利局也可根据申请人的请求早日公布其申请，提前公开仅限于发明专利申请，申请公开后给予申请人临时保护，当发明专利经过实质审查之后，其文本可能经过修改得到批准。实用新型和外观设计采用初步审查和登记制结合的形式。最后，从审查阶段的区别来了解，第一阶段初步审查，实用新型和外观设计在该阶段审查合格后即授权公告，而发明专利初步审查合格，只公布不授权；第二阶段实质审查（以下简称实审），实用新型和外观设计不经过此阶段，发明专利申请经实审合格，则授权公告。本书选编了 2001—2008 年的发明专利申请。

2. 专利法的修改 1992 年 9 月 4 日第一次修改专利法；1993 年 1 月 1 日，我国开始实施修改后的专利法。2000 年 8 月 25 日第二次修改专利法；2001 年 7 月 1 日，第二次修改后的专利法开始实施。2008 年 12 月 27 日第三次修改专利法；2009 年 10 月 1 日，第三次修改后的专利法开始实施。

二、专利申请介绍

1. 专利申请号升位 2003 年 10 月 1 日，专利申请号由 8 位数升至 12 位数。自 1985 年 4 月 1 日实施《中华人民共和国专利法》，已经使用了 18 年的 8 位数专利申请号成为历史。8 位数字中前 2 位为年，如 2003 年递交申请，申请号前 2 位为 03；第 3 位给出的信息为发明创造的类型，发明专利为 1，实用新型为 2，外观设计为 3；第 4 位至第 8 位为序号，还可以在第 8 位后加小数点显示校位码。12 位数字中前 4 位为年，如 2007 年递交申请，申请号前 4 位为 2007；第 5 位给出的信息为发明创造的类型，同样地，发明专利为 1，实用新型为 2，外观设计为 3；第 6 位至第 12 位为序号，还可以在第 12 位后加小数点显示校位码。专利申请号的升位，预示着我国发明创造、技术创新的产出将达到新的规模，中国市场的开放和国际化程度将进入新的水平，一个继往开来、快速发展的专利事业的新时期已经到来。

2. 电子专利申请系统开通 2004 年 3 月 12 日，中国“电子专利申请系统”正式开通，首件中国电子专利申请诞生。在我国专利法颁布 20 周年纪念日里，“电子专利申请系统” 正式开通，在中国专利史上书写下浓墨重彩的一笔。中国实现了专利申请电子化，标志着国家知识产权局在应用现代技术手段为社会公众提供服务方面又上了一个新台阶，同时也为我国参与知识产权领域的国际交流和国际竞争提供了坚实的技术支撑。

三、专利权人的权利

专利权:是国家主管机关依法授予发明人(或申请人)的，在一定期限内禁止他人未经允许制造、使用、销售其专利产品或使用其专利方法的权利。

第一，禁止他人未经允许实施其专利。禁止他人制造、使用、销售、许诺销售、和进口其专利产品；禁止他人使用其专利方法或者使用、销售、许诺销售、进口依专利方法直接获得的产品；禁止他人制造、销售或者为制造、销售用途进口其外观设计专利产品。

第二，自己实施专利。

第三，许可他人实施其专利。

第四，转让专利权。

第五，专利权人的标记权。

四、缴纳年费是专利权人的义务

年费——专利权人自授予专利权的年度开始，直至专利保护期限届满专利权终止，每年都要缴纳一定的费用，它随着年度的变化，数量也不尽相同。

专利申请授予专利权后，申请人在办理登记手续时，应当缴纳专利登记费和授予专利权当年的年费。授予专利权的发明专利申请，已经缴纳了当年申请维持费的，可以不再缴纳当年的年费。以后的年费应当在前一年度期满前一个月内预缴。更具体地说，由于专利年度是从申请日起算的，所以申请人应在每年申请日的相应日以前一个月内预缴下一年度年费。

五、专利法律状态

专利法律状态，指一项专利或专利申请当前所处的法律状态，在不同的法律阶段具有特定的法律意义，了解专利的法律状态，就能充分了解一项专利申请是否授权、授权专利是否有效、专利权人是否变更，以及其他相关的专利法律信息等。由于专利申请的法律状态发生变化时，专利公报的公布及检索系统登录信息必然存在滞后性的原因，即时准确的法律状态信息应以国家知识产权局出具的专利登记簿记载的内容为准，须到国家知识产权局办理专利登记簿副本。

在专利申请阶段，专利法律状态一般包括：专利申请公开、实审、驳回、撤回、视为撤回、视为放弃等状态；在专利授权后，专利法律状态一般包括：授权、转让和继承、无效宣告、终止、恢复、强制许可等状态。只有授权后没有被宣告无效、没有因欠费终止、没有因期限届满终止的才是有效专利。

常见的专利法律状态主要有以下几种。

1. 专利权授权　在检索当日或日前，被检索的专利已获权，并且至检索日之后的下一个交费日前专利是有效的，该法律状态称为专利权授权。属于相对稳定的法律状态，有些可能因未缴纳年费而终止，个别的可能被撤销或宣告无效。

2. 专利申请的公开　中国实行的是发明专利早期公开延迟审查制度，即初审通过后，公开其发明文本，并在三年内进行实审。法律状态显示为授权，说明专利已经获得了申请区域内的专利权。发明专利申请以后，经过初步审查合格18个月后，国家知识产权局会公开该专利，将对该专利的新颖性、创造性和实用性全面审查，对于3年内没有提出异议的，给予授权。属于不稳定的法律状态，即处于等待实审的阶段。

3. 专利权有效期届满 在检索当日或日前，被检索的专利已获权，但至检索当日或日前专利权有效期已超过专利法规定的期限（包括超过扩展的期限），该法律状态称为专利权有效期届满，专利权有效期届满，意味着该项专利已经不再受到专利法律的保护，任何人都可以使用而不必承担侵权责任。属于稳定的法律状态。

4. 专利申请尚未授权 在检索当日或日前，被检索的专利申请尚未公布，或已公布但尚未授予专利权，该法律状态称为专利申请尚未授权。属于不稳定的法律状态，即处于等待实审或审查进行中。

5. 专利申请撤回 在检索当日或日前，被检索的专利申请被申请人主动撤回或被专利机构判定视为撤回，该法律状态称为专利申请撤回。视为撤回的专利不享有专利权效力，不具有排他性，意味着该项专利申请已经不再受到专利法律的保护，任何人都可以使用而不必承担侵权责任。属于稳定的法律状态。

6. 专利申请被驳回 在检索当日或日前，被检索的专利申请被专利机构驳回，该法律状态称为专利申请驳回。意味着该项专利申请已经不再受到专利法律的保护，任何人都可以使用而不必承担侵权责任。属于稳定的法律状态。

7. 专利权终止 在检索当日或日前，被检索的专利虽已获权，但由于未交专利费而在专利权有效期尚未届满时提前失效，该法律状态称为专利权终止。意味着该项专利已经不再受到专利法律的保护，任何人都可以使用而不必承担侵权责任。属于稳定的法律状态。

8. 专利权无效 在检索当日或日前，被检索的专利曾授权，但由于无效宣告理由成立，专利权被专利机构判定为无效，该法律状态称为专利权无效。该无效专利，被视为自始无效。意味着该项专利从未受到专利法律的保护，任何人都可以使用而不必承担侵权责任。属于稳定的法律状态。

9. 专利权转移 在检索当日或日前，被检索的专利或专利申请发生专利权人或专利申请人变更，该法律状态称为专利权转移。

10. 专利权的视为放弃 专利局作出授予专利权的通知后，申请人在规定期限之内未办理登记手续的，视为放弃取得专利权的权利。意味着该项专利已经不再受到专利法律的保护，任何人都可以使用而不必承担侵权责任。属于稳定的法律状态。

六、如何查询专利法律状态

第一，登陆国家知识产权局“法律状态检索”，输入申请(专利)号，例如“91231422”，可以查询该专利的法律状态；输入“法律状态公告日”，例如“20030122 或 2003.01.22”等，可点击查看“法律状态”的详细信息；输入“法律状态”，例如“授权”，可以查询到 2001 年到现在，已经获得授权的专利。

第二，登陆“CNIPR 中外专利数据库服务平台”，进入“中国专利法律状态检索”，输入“申请(专利)号”或“法律状态公告日”或“法律状态信息”，均可看到该专利的法律状态；或者直接在检索首页，输入申请(专利)号、申请日、名称等相关字段，进入专利著录项，点击“法律状态”，即可看到该专利的法律信息。

目　录

一、蔬菜综合加工技术

1. 蔬菜水合纤维素的制备方法

申请号：200410067556　　公告号：1327787　　申请日：2004年10月28日

申请人：吉鹤立

联系地址：(200135)上海市浦东新区羽山路851号

发明人：吉鹤立

法律状态：授权

文摘：本发明涉及蔬菜的加工，从蔬菜中得到水合纤维素。提供了一种不必经过胃里酶、酸作用即可得到的蔬菜水合纤维素。这种具有复水能力的蔬菜水合纤维素，是通过以下方法实现的，首先将含有纤维素的各种蔬菜进行细胞破壁处理，得到含水合纤维素的蔬菜浆料，通过果胶酶使蔬菜纤维素和果胶分离，此时得到的蔬菜浆料，含水率一般在85%～95%；将果胶酶处理后的蔬菜浆料进行浓缩，要求浓缩至固形物含量为10%～25%，得到含有水合纤维素的蔬菜浓浆；再经过冻干处理，要求含水率2.5%～6%，得到含水合纤维素的各种蔬菜粉。本发明的有益效果，用此方法得到的制品，除了含有蔬菜原有的各种维生素等活性成分外，还含有水合纤维素，称为活性冻干粉末蔬菜，会复水溶胀，具有特定的生理功能。

2. 一种即食蔬菜食品

申请号：200410014690　　公告号：1320862　　申请日：2004年4月15日

申请人：童良坤

联系地址：(222001)江苏省连云港市新浦区民主西路99号(原浦西小学院内)

发明人：童良坤

法律状态：因费用终止公告日：2010年8月4日

文摘：本发明是一种即食蔬菜食品。该食品由以下质量配比的原料制成：黄豆5～15份，白菜20～60份，萝卜15～35份。本发明还公开了该即食蔬菜食品的制备方法，是一种含有高蛋白质、多种天然维生素及矿物质的绿色保健蔬菜食品，清爽素淡。该食品对口腔溃疡有良好的治疗效果，还可调整肠胃功能，对高血压、高血脂及肥胖人群也具有很好的保健效果，还有一定的美容效果。本发明同时是一种即食的蔬菜食品，可节约人们的时间，又可为人体提供各种必需的维生素及矿物质，且不含防腐剂等有害物质，是一种不可多得的绿色保健食品。

3. 即食蔬菜果

申请号：200510023343　　公开号：1803001　　申请日：2005 年 1 月 14 日

申请人：沈佳寅

联系地址：(200040)上海市南阳路 183 弄 2 号 2101 室

发明人：沈佳寅

法律状态：视撤公告日：2008 年 9 月 24 日

文摘：本发明是一种即食蔬菜果。目前市场上的蔬菜汤、蔬菜茶等，在人们外出、旅游时携带、食用不方便，本发明采用加压、加热、螺旋杆挤压等工艺，膨化成大小不等，球形、异形、颗粒、片状等形状的即食蔬菜果，携带及食用更为方便。

4. 一种即食蔬菜及其制作方法

申请号：200810012873　　公开号：101341957　　申请日：2008 年 8 月 21 日

申请人：王丽娟

联系地址：(110122)辽宁省沈阳市沈北新区沈虎路 29 号

发明人：王丽娟

法律状态：公开

文摘：本发明涉及一种可以直接、方便食用的蔬菜及其制作方法。本发明是由以下原料(按质量分数计)配比组成：黄豆 10%～20%，白菜 10%～20%，胡萝卜 20%～40%，南瓜 20%～30%，花生米 2%～5%，红薯 10%～20%，紫菜 2%～5%。本发明具有即取即食的优点效果，是人们外出旅游或在野外必备的佳品。

5. 多维即食蔬菜片

申请号：200810021125　　公开号：101326985　　申请日：2008年7月25日

申请人：董广超

联系地址：(221011)江苏省徐州市贾汪区紫庄镇杜楼村

发明人：董广超

法律状态：公开

文摘：本发明涉及一种多维即食蔬菜片的配方及制备方法，属食品加工领域。它由如下原料(按质量计)制成：花生米4～8份，黄豆8～10份，南瓜10～12份，胡萝卜10～12份，油菜10～12份，荠菜10～12份，芹菜10～12份。利用各种蔬菜经简单加工而成的多维即食蔬菜片，营养丰富，搭配科学合理，又不耗时，特别适合老人、儿童平时作为休闲食品食用，也适合上班族平时食用，既省时省力，又能满足人体对各种维生素和矿物质的需求。

6. 一种蔬菜速食品的制备方法

申请号：200610015763　　公开号：101147549　　申请日：2006年9月22日

申请人：天津中英纳米科技发展有限公司

联系地址：(300384)天津市南开区物华道2号华苑产业区海泰大厦火炬园A座4－42室

发明人：赵发

法律状态：视撤公告日：2010年6月9日

文摘：本发明为一种蔬菜速食品的制备方法。其制作工序包括：①选取新鲜蔬菜，清水浸泡20～30分钟，清洗干净，捞出晾干；②将蔬菜放入水中煮沸5～10分钟，捞出、冷却；③进行脱水、磨浆处理，将蔬菜制成蔬菜泥；④在蔬菜泥中加入糖和盐，一同放入搅拌机中搅拌；⑤将步骤④中的混合物放入制模机中，用模具挤压成型；⑥将步骤⑤中的压制成型的蔬菜泥送入烤箱中烘烤20～30分钟；⑦取出，冷却，紫外线灭菌，封装，即为产品。其优越性在于：制备方式简单、卫生；保留了蔬菜的营养成分，且容易咀嚼，尤其适于因牙口不好而食用蔬菜不便的老年人和部分儿童不爱食用蔬菜及缺乏吃菜条件的人员食用；便于运输、贮存和携带。

7. 一种大包装方便蔬菜制品及其制备方法

申请号：200610015799　　公开号：101147553　　申请日：2006年9月22日

申请人：天津中英纳米科技发展有限公司

联系地址：(300384)天津市南开区物华道2号华苑产业区海泰大厦火炬园A座4-42室

发明人：赵发

法律状态：视撤公告日:2010年6月9日

文摘：本发明是一种大包装方便蔬菜制品。其特征为包括蔬菜包和调味料包,其质量比为1∶0.04～0.06。其制备方法:取蔬菜,浸泡洗净,晾干,脱水,灭菌后装入袋中封装成蔬菜包,配制调味液,灭菌后装入袋中封装成调味料包,蔬菜包和调味料包装入一个袋中,封装,即为产品。其优越性在于:原料充足,营养丰富,配置合理,制作方法简单,食用时省时省力,它可省去人们在处理蔬菜上花费的大量时间,特别适宜于现代快节奏的家庭、旅游者和野外工作人员食用。

8. 一种利用蔬菜干制品制作软质半潮调味蔬菜的方法

申请号：200610041041　　公告号：100435658　　申请日：2006年7月17日

申请人：海通食品集团股份有限公司、江南大学

联系地址：(315300)浙江省慈溪市海通路528号

发明人：陈龙海、张慜、曹晖、孙金才、陈移平、范柳萍

法律状态：授权

文摘：本发明是一种利用蔬菜干制品制作软质半潮调味蔬菜的方法,属于蔬菜食品加工技术领域。本发明的特征为:配制调味复水液,调味复水液与蔬菜干制品按1∶1的质量比均匀喷洒于蔬菜干制品表面,20℃～25℃下蔬菜干制品缓慢、均匀地复水8～12小时,热风干燥去除表面水分,至湿基含水率为28%～33%,真空包装后在15℃～20℃、400～500兆帕超高压处理15～30分钟。本发明采用控制复水温度和调味复水液比例的方法对蔬菜干制品进行不完全复水,缩短了复水后热风干燥的时间和能量消耗;产品最终水分含量较高,属于软质半潮调味蔬菜,可作为即食型休闲蔬菜食品;通过调味液控制水分活度和采用超高压冷杀菌的双重作用,达到既保持

产品的营养成分,又有效控制微生物的目的。

9. 方便食品蔬菜包

申请号:200610137023　　**公开号**:101161104　　**申请日**:2006年10月15日

申请人:孟志广

联系地址:(133000)吉林省延吉市海兰路115号市生产力促进中心

发明人:孟志广

法律状态:视撤公告日:2010年6月23日

文摘:本发明将新鲜蔬菜用常规方式加工成蔬菜浆汁。根据需要,可以过滤成清汁状,也可以不过滤而成为菜泥状,也可以进行浓缩处理,也可以是蔬菜浆汁和蔬菜小颗粒或小块蔬菜的混合物。采用一种蔬菜浆汁或数种蔬菜浆汁混合形成的复合蔬菜浆汁,也可以加入食盐、香辛料等调味料,然后灭菌、封装即成。本发明的方便食品蔬菜包,尤其适用于与方便面、方便粉丝等方便食品同时食用。

10. 冷冻烧烤蔬菜的制备工艺

申请号:200710009125　　**公告号**:100581389　　**申请日**:2007年6月21日

申请人:福州富水综合食品有限公司

联系地址:(350101)福建省福州市闽侯县荆溪镇桐口村

发明人:林永茂

法律状态:授权

文摘:本发明涉及一种冷冻烧烤蔬菜的制备工艺。其工艺步骤如下:①先将洗净后的蔬菜放在-12℃以下进行冷冻处理8~12分钟。②用质量百分数为1.0%~3.0%的食盐和/或1.0%~3.0%食用油混合搅拌2~5分钟。③置于200℃~300℃温度下烧烤4~8分钟。④紧接着置于300℃~400℃温度下烧烤1~5分钟。⑤用4~8分钟的时间降温,降至40℃以下。⑥将上述处理后的蔬菜冷冻至中心温度为-10℃以下。本发明能增添蔬菜的烧烤味道,且因为食品在加工熟化过程中受热时间短,因此能较好地保留蔬菜中的营养物质,用本发明方法生产出的产品可作为即食食品。

11. 即食营养蔬菜菌菇泥及其制备方法

申请号：200710039710　　公开号：101288464　　申请日：2007年4月20日

申请人：上海水产大学

联系地址：(200090)上海市杨浦区军工路334号

发明人：陈丽芳、王晓岚

法律状态：视撤公告日:2011年1月12日

文摘：本发明是一种即食营养蔬菜菌菇泥。其特征在于是由菌菇混合物、土豆、胡萝卜组成,其中菌菇混合物：土豆：胡萝卜的质量比为1：1：1,所述菌菇混合物由黑木耳、香菇、滑菇、茶树菇组成,其中黑木耳：香菇：滑菇：茶树菇的质量比为1：1：1：1。其制备方法是将各原料清洗干净后,打成泥状,然后混合均匀,倒入低温植物油中翻炒,再加入调味料进行调味即可。本发明在土豆、胡萝卜泥中加入菌菇泥,使其营养更加全面。

12. 一种以蔬菜为原料制备的固态食物及其制备方法和用途

申请号：200810180364　　公开号：101632434　　申请日：2008年11月25日

申请人：北京康华源医药信息咨询有限公司

联系地址：(100085)北京市海淀区上地三街9号C906

发明人：刘凤鸣

法律状态：公开

文摘：本发明公开了一种以蔬菜为主要原料的固体食品或食品代用品及其制备方法和用途。它是以蔬菜、膳食纤维、通便润肠物质、蛋白质、维生素、矿物质、食品添加剂、调味剂、黏合剂等物质组成,可制成多种剂型供食用,可有效地预防或减轻营养过剩、降低体重、降低心脑血管疾病、肿瘤、糖尿病等的发病率,具有良好的实用价值和市场前景。

13. 一种蔬菜营养素的制备方法

申请号：200610015773　　公开号：101204220　　申请日：2006年9月22日

申请人：天津中英纳米科技发展有限公司

联系地址：(300384)天津市南开区物华道2号华苑产业区海泰大厦火

炬园 A 座 4-42 室

发明人：赵发

法律状态：视撤公告日：2010 年 6 月 9 日

文摘：本发明为一种蔬菜营养素。其制备方法包括：①选取新鲜蔬菜，洗净，去皮，制成蔬菜泥；②制备海藻酸或海藻酸盐溶液、蛋白质溶液，加入步骤①中的蔬菜泥中，混合配制成料浆；③用可溶性钙盐配制凝固剂溶液，并控制溶液中钙离子浓度为 0.12%～1.03%；④将上述料浆与凝固剂混合，搅拌均匀，放入制模机的模子中，施加压力，制成各种形状食品；⑤将步骤④中得到的食品进行紫外线杀菌处理，并封装，即为产品。其优越性在于：以蔬菜为主要原料，维生素成分含量高；加入从畜类、水产品类动物和豆类植物中直接提取动物和植物蛋白，其营养价值高，且减少了化学成分的使用，成本低廉，营养价值高。

14. 一种复合蔬菜保健食品及其制备方法

申请号：200510077383　　公告号：100418438　　申请日：2005 年 6 月 23 日

申请人：谷宝贵

联系地址：(065700)河北省霸州市太平桥东 100 米河北廊坊益农集团公司

发明人：谷宝贵

法律状态：授权

文摘：本发明公开了一种新的复合蔬菜保健食品及其制备方法。本发明复合蔬菜保健食品主要由以下原料(按质量计)制成：马齿苋 5～200 份，仙人掌 5～200 份，白菜 5～200 份，辣椒 10～250 份，芹菜 2～150 份，番茄 2～150 份，苦瓜 2～100 份，丝瓜 2～100 份，嫩玉米 10～500 份，萝卜 20～500 份，洋葱 2～100 份，菠菜 2～150 份，大蒜 2～100 份，黄瓜 10～500 份，冬瓜 5～200 份，南瓜 10～400 份。本保健食品可按照本领域常规加工方法制备成浓缩汁、浓缩片、浓缩颗粒或浓缩丸等各种形式。本食品富含多种复合维生素和矿物质，对于营养失衡身体免疫力下降、糖尿病、高血压及肥胖患者均有着显著的保健效果。

15. 一种提高蔬菜纸综合性能的方法

申请号：200610041040　　公告号：100435657　　申请日：2006 年

7月17日

申请人：海通食品集团股份有限公司、江南大学

联系地址：(315300)浙江省慈溪市海通路528号

发明人：孙金才、张慜、钟齐丰、李方、范柳萍

法律状态：授权

文摘：本发明为一种提高蔬菜纸综合性能的方法，属于果蔬食品加工技术领域，主要用于可食用包装纸和纸型蔬菜的生产。其特征为：先将蔬菜原料进行选取、去皮、洗涤、切片、漂烫灭酶、护色等预处理后，与适量降水分活度剂及成型剂混合、打浆、脱气、成型，进行热风干燥或微波干燥或远红外干燥至水分含量为20％～30％，揭片、切分并继续干燥，直至湿基水分含量为10％～20％。产品用充氮或抽真空包装。本发明由于添加了一定量的降水分活度剂及成型剂使蔬菜纸具有良好的适口性，以及较高的抗拉强度和耐折性，既能直接食用，也可以用作可食用的食品包装材料。

16. 含稀有微量元素硒、锗、稀土的蔬菜及其加工方法

申请号：01144251　　公开号：1379969　　申请日：2001年12月14日

申请人：徐焕亮

联系地址：(100011)北京市安德路47号13楼8单元101号

发明人：徐焕亮

法律状态：视撤公告日：2004年8月11日

文摘：本发明涉及含稀有微量元素硒、锗、稀土的蔬菜及其加工方法。通过将稀有微量元素硒、锗、稀土对水浸泡种子，栽培时将硒、锗、稀土有机物加入肥料中及生长时用含硒、锗、稀土有机物的水喷洒叶面，使之长成富含稀有微量元素的蔬菜，然后加工成蔬菜纸，既提高蔬菜品质，又便于贮藏运输；菜汁可加工成食品、饮料的添加剂；废料可加工成高效生物肥料，从而达到综合利用、防止污染环境的目的。

17. 一种纸型蔬菜的加工方法

申请号：200510120707　　公告号：100506077　　申请日：2005年12月19日

申请人：暨南大学

联系地址：(510632)广东省广州市天河区黄埔大道西601号

发明人：欧仕益、郑洁、李爱军、段翰英、吴建中

法律状态：因费用终止公告日：2011年2月16日

文摘：本发明属于食品加工领域，公开了一种纸型蔬菜的加工方法。蔬菜经挑选、清洗、切碎、烫漂、离心脱水与煮沸的成型配料溶液混合均质成蔬菜浆、滚压成型，再经一次微波干燥、揭膜、喷洒调味料溶液、二次微波干燥后制得成品。本发明纸型蔬菜保持了新鲜蔬菜的色泽和味道，食用方便卫生，解决了蔬菜贮藏困难、特殊作业人员及蔬菜供应困难地区补给的难题。本发明加工方法解决以往纸型蔬菜生产耗时耗能的问题，将干燥时间缩短了几十倍，提高了工业化生产效率，降低了生产成本，增加了蔬菜的经济价值。

18. 一种纸型复合蔬菜的制备方法

申请号：200610028910　　公开号：101103791　　申请日：2006年7月13日

申请人：上海水产大学

联系地址：(200090)上海市杨浦区军工路334号

发明人：王文俊、周惠、孙森才

法律状态：视撤公告日：2010年7月14日

文摘：本发明属于食品加工技术领域，涉及一种纸型复合蔬菜的制备方法。其包括以下步骤：原料预处理→漂烫→打浆→添加增稠剂及辅料→细磨→涂片→烘烤→切割成型。本发明的优点在于：通过上述方法制得的纸型复合蔬菜颜色绚丽，营养全面，口味多样，具有含水量小、重量轻、食用方便、便于携带和运输等优点，可以及时补给一些蔬菜供应困难的地区，同时由于制品柔软可卷折，还可以作为食品内包装纸，提高了蔬菜的附加值。

19. 蔬菜冻干粉末制备方法

申请号：02151038　　公告号：1270628　　申请日：2002年12月4日

申请人：上海应用技术学院

联系地址：(200235)上海市漕宝路120-121号

发明人：吉鹤立、康德宝、何瑞铨、龚钢明

法律状态：因费用终止公告日：2011年2月16日

文摘：本发明涉及蔬菜的保存，特别是涉及蔬菜的冷冻干燥。本发明

专利的目的在于，通过低能耗手段除去细胞质中主要是液泡中的部分水分，而保持纤维素分子束间隙的水，再进行冻结、升华，制得的粉末蔬菜，同样可保留蔬菜的风味和复水能力。其过程为：先选新鲜蔬菜进行清洗、加工→杀青处理→粉碎→打浆→细磨→真空浓缩→速冻处理→冰升华→经粉碎达到要求的细度。本发明专利优点：冻干粉末蔬菜加工能耗降低40%～50%，降低生产成本。

20. 蔬菜营养粉及其生产方法

申请号：200610036075　　公开号：1875760　　申请日：2006年6月21日

申请人：林奕群

联系地址：(515434)广东省揭西县金和工业区揭西县蓝天果蔬贸易有限公司

发明人：林奕群

法律状态：视撤公告日：2008年11月26日

文摘：本发明涉及一种蔬菜的深加工技术，具体是一种蔬菜营养粉的配制及其生产方法。蔬菜营养粉，其特征在于包括以下种类的发酵蔬菜粉：番茄、胡萝卜、菠菜、花椰菜、玉米、土豆、白薯、豆芽、木瓜、大豆、欧芹菜、长葱、山麻、莴笋、芹菜、牛蒡、洋葱、南瓜、大白菜。各种发酵蔬菜粉分别由下述步骤进行制备获得：冷冻保鲜、蔬菜精切、蔬菜清洗、蔬菜超低温脱水、蔬菜粉碎、蔬菜粉发酵、过滤、脱水。将各种发酵蔬菜粉按一定的比例混配后，再经高温瞬间杀菌、包装，得成品。采用单种蔬菜独立发酵加工形式，可根据不同类型的蔬菜，采用不同的发酵工艺，保持各种蔬菜原有的风味及营养成分。其产品具有营养丰富、易于吸收、保健、食用方便等特点。

21. 一种复合蔬菜粉制品及其制备方法

申请号：200710043922　　公开号：101095493　　申请日：2007年7月17日

申请人：上海日溢农业科技有限公司

联系地址：(200240)上海市闵行区东川路555号1006室

发明人：张元翔

法律状态：视撤公告日：2011年4月13日

文摘：本发明涉及一种复合蔬菜粉制品及其制备方法。该制品包括以下成分(按质量分数计):甘蓝粉20%～85%,西兰花粉0～50%,其他十字花科蔬菜粉0～30%,其制备方法包括原料采收与品选、预冷处理、清洗、烫漂、冷却、切片/块、冻结、升华干燥、解析干燥、磨细、组合配伍、真空包装。与现有技术相比,本发明的复合蔬菜粉制品具有配伍合理、利于人体吸收、改善人体膳食平衡等优点,对维持人体健康具有极大帮助,本发明采用的制备复合蔬菜粉制品的工艺合理,采用真空冷冻干燥技术最大限度地保存了蔬菜原有的营养价值和生物活性。

22. 蔬菜粉饼及其加工工艺

申请号:02133740　　公告号:1237898　　申请日:2002年9月13日

申请人:陈朝晖

联系地址:(610017)四川省成都市太升北路56-58号江信大厦21层

发明人:陈朝晖

法律状态:授权

文摘:本发明提供了一种蔬菜粉饼。包括红薯淀粉、马铃薯淀粉、玉米淀粉、开粉剂、蔬菜汁、蔬菜粉,其中开粉剂由羧甲基纤维素钠、乳化剂、三聚磷酸钠、变性淀粉、碳酸氢钠、酒石酸、酒石酸氢钾、食盐、食用石蜡组成。本发明还提供了蔬菜粉饼的加工工艺。本发明蔬菜粉饼复水效果良好、口感好,粉丝劲道好,柔韧性好,不糊汤、不断条,而粉饼颜色美观,贴近自然,复水后能闻到蔬菜特有味道,营养好。

23. 一种蔬菜饼干

申请号:200710157728　　公开号:101422183　　申请日:2007年10月29日

申请人:高淑春

联系地址:(110179)辽宁省沈阳市浑南高科技产业区21世纪大厦A1805

发明人:高淑春

法律状态:公开

文摘:本发明为一种蔬菜饼干。其特点是由小麦粉、南瓜粉、香芋粉、马铃薯粉、胡萝卜汁、番茄酱、蘑菇泥、奶粉、鸡蛋、植物油、白糖、小苏打、鲜酵母、食盐等构成。本发明将香芋、南瓜、马铃薯、胡萝卜、西红柿及牛骨粉等组合在一起，含有蔬菜中的纤维素、维生素、矿物质和多种微量元素，长期食用既有利于青少年及老弱者的身体健康，又为蔬菜深加工，增加农民的经济效益提供新途径。

24. 一种天然食用浓缩微型蔬菜的制备方法

申请号：02112737　　公开号：1371633　　申请日：2002年3月8日

申请人：顾学平

联系地址：(215000)江苏省苏州新区玉山路吴甸园A-2

发明人：顾学平、曹光群

法律状态：视撤公告日：2005年11月9日

文摘：本发明涉及一种天然食用浓缩微型蔬菜的制备方法，属于食品加工技术领域。其主要采用新鲜蔬菜洗净后进行压榨，除去纤维及固体物质，制得蔬菜原液，进行过滤，除去水分制得蔬菜浓缩物，在蔬菜浓缩物内分别加入定型剂、脱模剂混合搅拌，采用成型机制得微型蔬菜，最后涂上食用涂料。本发明保留了原新鲜蔬菜的全部营养成分，具有外观微小可爱，食用方便，携带方便，不会变质等特点；特别对不爱吃蔬菜的儿童、成年人或无法进食的病人以及从事特殊行业无法大量携带蔬菜的野外工作者、宇航员等特殊人群能每天摄取到足量的蔬菜提供了保障。

25. 一种压缩蔬菜食品的制作方法

申请号：200810084679　　公开号：101243854　　申请日：2008年3月18日

申请人：于建国

联系地址：(100025)北京市朝阳区高碑店兴隆家园小区11号楼408室

发明人：于建国

法律状态：授权

文摘：本发明涉及一种压缩蔬菜食品的制作方法。它包括以下步骤：挑选新鲜蔬菜；将挑选好的蔬菜清洗干净；然后使70%水被脱去；将上述脱去水的蔬菜倒入容器中捣碎，使蔬菜成为长5毫米左右的片状；将上述捣碎的蔬菜放入远红外烘箱中进行消毒烘干，使最终蔬菜的含水量在3%左右，然后将烘干的蔬菜倒入搅拌器中；取土豆淀粉加水制成浆，然后边搅拌边将浆加入搅拌器中，使浆与片状蔬菜混合均匀；将上述混合有浆的蔬菜压成饼状，然后再压缩成粒径为5～12毫米的颗粒状。本发明有益效果：压缩蔬菜食品食用方便，保存了蔬菜的营养；对于不喜欢吃新鲜蔬菜的偏食者和对于需要减肥的人，适量服用可达到维持人体蔬菜摄入量的要求。

26. 蔬菜泡粉及其制备方法

申请号：200410061486　　公开号：1631220　　申请日：2004年12月31日

申请人：张云堂

联系地址：(436000)湖北省鄂州市澜湖中学

发明人：张云堂

法律状态：视撤公告日：2009年5月6日

文摘：本发明为一种蔬菜泡粉及其制备方法。它包含新鲜蔬菜浆、豆类粉、薯类粉、五谷粉，经过制浆、制芡、活浆、制粉坯、冷冻、搓洗、脱水、成型、干燥、灭菌、包装而成。它既有蔬菜中的维生素、胡萝卜素、矿物质、葡甘露聚糖，膳食纤维等，又有五谷杂粮中的蛋白质、氨基酸、碳水化合物等，具有降低血脂、通便、润肤、抗病毒、强身健体的作用。既可以作汤菜、火锅料，又可作主食、冲(焖)泡即食，方便快捷，这种绿色方便营养食品满足了现代社会人们的需要。

27. 营养蔬菜片的加工制作方法

申请号：200410043687　　公告号：1242691　　申请日：2004年7月6日

申请人：哈尔滨商业大学、徐忠

联系地址：(150076)黑龙江省哈尔滨市道里区通达街138号

发明人：徐忠、缪铭、孙兆远、侯会绒

法律状态：因费用终止公告日：2010年9月1日

文摘：本发明涉及蔬菜加工技术，具体为一种营养蔬菜片的制作方法。本发明的产品呈鲜绿色，形状大小与一张普通名片相似，保留了蔬菜的天然颜色和营养成分，并且低糖、低钠、低脂，产品清脆可口，风味独特。本发明的步骤是：绿色蔬菜→原料选择→预清洗→灭酶护绿→修整、切片→调味→摊片→真空冷冻→包装。

28. 冻干蔬菜片的加工制作方法

申请号：200510043554　　公开号：1718093　　申请日：2005年5月18日

申请人：山东驰中集团有限公司

联系地址：(257300)山东省东营市广饶县潍高路44号

发明人：郭福聚、郭林

法律状态：视撤公告日：2009年2月4日

文摘：本发明涉及一种冻干蔬菜片的加工制作方法。本发明的技术方案：①切片。对经过冻干后的蔬菜进行检查修整，然后堆放整齐，用刀切成条形、菱形、三角形或圆片形。②调味。将海藻酸钠、淀粉、食盐和适量调味料用温水溶解，将沥干水的蔬菜放入溶液中浸泡30～50秒后取出，溶液中海藻酸钠的浓度为0.5%～5%，淀粉的浓度为1%～10%，食盐的浓度为1%～5%。③摊片。将浸渍过的蔬菜片放入模板中摊开成0.5～0.7厘米厚的薄片。④干燥。将蔬菜片放入真空冷冻干燥设备中进行干燥，待产品中心温度低于－18℃时出货。⑤包装。将蔬菜片用玻璃纸包装，再包装成100～200克的小袋。本发明的特点是低糖、低钠、低脂。

29. 蔬菜保健咀嚼片及其生产方法

申请号：02109017　　公开号：1359637　　申请日：2002年1月8日

申请人：尚国顺

联系地址：(121000)辽宁省锦州市凌河区解放路五段6号

发明人：尚国顺

法律状态：视撤公告日：2004年12月15日

文摘：本发明为一种蔬菜保健咀嚼片及其生产方法。蔬菜保健咀嚼片是按照如下配方(按质量分数计)制成：圆葱粉40%～75%，芹菜汁15%～40%，辅料10%～30%，以及上述材料总质量2%～8%的滑石粉。辅料中淀粉、糊精和滑石粉的配比为7∶1∶1。生产方法是，将圆葱去根、去皮、洗净、粉碎打浆、并干燥成粉状；将芹菜去根、洗净、粉碎成细末后，挤压过滤，取其汁液；将淀粉、糊精和滑石粉按7∶1∶1的配比混合，搅拌均匀；取圆葱粉、芹菜汁及辅料按比例混合，制成湿粒，再将湿粒烘干，筛分出20～40目的颗粒，与其总质量2%～8%的滑石粉混合均匀后，压成片，即成为蔬菜保健咀嚼片，优点在于，本发明取圆葱和芹菜中的精华，将其融为一体，并压制成片，便于人们食用，且具有很高的药用保健价值。

30. 营养浓缩型速食蔬菜

申请号：01101794　　公开号：1302556　　申请日：2001年1月5日

申请人：张士军

联系地址：(056003)河北省邯郸市邯郸钢铁集团总公司自动化部检修工段

发明人：张士军

法律状态：视撤公告日：2004年7月14日

文摘：本发明为一种营养浓缩型速食蔬菜。其主要特征是采用以下方法制成：去杂质、清洗、消毒、精选、去农药残毒；全封闭破碎、压榨、灭菌、干燥处理；制成粉状或片状，装入胶囊为成品。本发明具有营养浓缩，便于吸收，可长期存放，携带方便，进食迅捷，节约时间等显著特点，可使人们在任何时间、任何地点都能吃到丰富多样的蔬菜，大大提高了人们的生活质量。

31. 微胶囊营养蔬菜粉的制作方法

申请号：200410043679　　公告号：1286395　　申请日：2004年7月2日

申请人：哈尔滨商业大学、徐忠

联系地址：(150076)黑龙江省哈尔滨市道里区通达街138号

发明人：徐忠、缪铭、孙兆远、侯会绒

法律状态：因费用终止公告日：2010年9月1日

文摘：本发明提供的是一种微胶囊营养蔬菜粉的制作方法。蔬菜原料经过灭酶、榨汁、高压均质破碎、真空浓缩、喷雾造粒、冷冻干燥、包装制得产品。用本发明生产的蔬菜固形物含量高；产品含有丰富的各种维生素和矿物质；产品采用微胶囊包装技术，有效地保持了天然蔬菜中的的营养成分、生物活性和食品的色香味等；产品经过高压均质机处理，颗粒粒度在5微米以下，大大提高了有效成分的吸收速度和程度；产品色彩鲜明，有独特的蔬菜香气，易使人产生食用的欲望。微胶囊呈圆形且表面光滑，有良好的外观和口感。

32. 一种营养保健蔬菜丸制品及其制备方法

申请号：200610015787　　公开号：101147571　　申请日：2006 年 9 月 22 日

申请人：天津中英纳米科技发展有限公司

联系地址：(300384)天津市南开区物华道 2 号华苑产业区海泰大厦火炬园 A 座 4-42 室

发明人：赵发

法律状态：视撤公告日:2010 年 6 月 9 日

文摘：本发明为一种营养保健蔬菜丸制品。其特征在于它的主要成分包括蕨菜、旱芹、胡萝卜、白萝卜、山药、香菜和炼蜜。各成分(按质量分数计)比例为:蕨菜 8.32%～33.6%,旱芹 5.23%～15.2%,胡萝卜 5.22%～16%,白萝卜 5.22%～16%,山药 5.01%～14.2%,香菜 1.35%～4.38%,其余量为炼蜜。其制备方法：①选取新鲜的蕨菜、旱芹、胡萝卜、白萝卜、山药、香菜,去杂物,清洗干净,切块;②将步骤①中的混合物放入水中煮沸后捞起;③捞出、冷却,制成菜泥;④将步骤③中得到的菜泥放入成型机中制成丸子;⑤对丸子进行高温高压灭菌处理,封装,即为产品。其优越性在于:以旱芹、胡萝卜等天然蔬菜为主要原料而制成,营养丰富,味道甜美,不含有任何中药添加剂成分,是一种营养全面,兼营养、滋补于一体且易被人体消化吸收的食品;可以做成丸子汤、炒菜或直接食用;便于携带。

33. 一种蔬菜脆片食品的配方及制作方法

申请号：200510040549　　公告号：1283180　　申请日：2005 年 6 月 14 日

申请人：海通食品集团股份有限公司

联系地址：(315300)浙江省慈溪市海通路 528 号

发明人：杜卫华、叶远平、孙金才、张�、陈移平、陈宝辨、杨建葵

法律状态：授权

文摘：本发明为一种蔬菜脆片食品的配方及制作方法,涉及休闲食品加工领域。蔬菜原料经过整理清洗、烫漂、冷却沥干,经过或不经过热风干燥及复水过程,添加增香和配色物质,再按配方进行煮制调味,装盘铺平,预成型后进行真空微波干燥得到含水量 3%～7%的成品。其配方为:蔬菜 60%～65%,增香和配色物质 10%～12%,白糖 7%～8%,水 6%～8%,淀

粉4%～5%，葡萄糖3%～4%，海藻糖3%～4%，味精0.08%～0.1%，甜味剂0.02%～0.1%。本发明以常规蔬菜为主要原料，添加增香和配色物质，用煮制调味的方式使风味融合，真空微波新工艺进行干燥，形成营养成分保存率高、质地酥脆、色泽鲜亮、香味融合的蔬菜脆片食品，且不存在油炸食品的缺点，具有生产周期短、成本低、市场接受性强的应用前景。

34. 一种蔬菜脆片的加工方法

申请号：200810058690　　公开号：101361549　　申请日：2008年7月15日

申请人：云南农业大学

联系地址：(650000)云南省昆明市黑龙潭云南农业大学

发明人：张培正、高伟、张淼、朱仁俊、王荣梅

法律状态：实审

文摘：本发明为一种蔬菜脆片的加工方法，属膨化食品加工技术领域。方法包括原料挑选与清洗、切片与护色、预处理、膨化、固化、包装工序。其中，预处理工序为：将经护色步骤处理后的蔬菜放入温度为－10℃～－5℃的容器中处理1～4小时，再放入蔗糖麦芽糖混合液中浸泡4～12小时。膨化工序为：将预处理后的蔬菜放入膨化罐中，随后向膨化罐中注入氮气进行膨化，氮气的注入量为膨化罐体积的30%～60%，膨化温度为40℃～105℃，罐中的正负压差为0～600千帕，膨化时间为1～4小时。固化工序为：采用常温固化，或在膨化罐的夹层中间通入冷却水循环制冷固化，固化温度为10℃～20℃，负压为0～100千帕，固化时间为0.5～0.7小时。本发明具有天然营养成分保存较多、膨化食品的范围广、操作简便等优点。

35. 生产半发酵蔬菜的工艺

申请号：200710002831　　公开号：101019625　　申请日：2007年2月1日

申请人：哈尔滨安普科技发展有限公司

联系地址：(150090)黑龙江省哈尔滨市红旗大街162号508室

发明人：惠觅宙、李会成、冷国庆

法律状态：视撤公告日：2010年7月21日

文摘：本发明是关于用活化的乳酸菌发酵生产半发酵和全发酵蔬菜的可规模化生产的工艺。它包括对蔬菜的巴氏灭菌，灭菌蔬菜的匀浆，用筛选

的乳酸菌培养物在发酵罐中用盐水发酵蔬菜放大培养制备成菜泥，在GMP条件下将新鲜的加热杀菌并被浸盐水的蔬菜和充分发酵的菜泥包装入容器，存贮。这种GMP条件下得到的乳酸菌可用于生产重组蛋白，这些蛋白可用于预防或治疗疾病，这种用活乳酸菌半发酵的蔬菜包括黄瓜、胡萝卜、甜菜、芹菜和圆白菜等。

36. 地下发酵装置纯菌接种生产发酵蔬菜的方法及装置

申请号：200410043922　　公开号：1759733　　申请日：2004年10月11日

申请人：李振卿

联系地址：(150030)黑龙江省哈尔滨市香坊区木材街59号东北农业大学离退休活动中心

发明人：李振卿

法律状态：视撤公告日：2008年7月2日

文摘：本发明为一种地下发酵装置纯菌接种生产发酵蔬菜的方法及装置。首先高温投料接菌，将渍液、菌液、发酵物料加温至25℃～30℃，然后装入地下容器中；然后保温，容器内温度在投入发酵物料前的3～4日内不低于20℃；添加液由容器底部自下而上注入；菌种为组合菌种中加入低温菌种。本发明的方法及装置能在乳酸菌的作用下快速发酵并抑制杂菌生长，排除发酵物料中的空气形成无氧环境，抑制好氧菌生长，防止其对发酵蔬菜污染而产生不良气味，保证发酵菜质量，可使贮藏期达1年以上，可广泛用于各类蔬菜的腌渍。

37. 蔬菜泡、腌制品的加工方法

申请号：200810197189　　公开号：101366487　　申请日：2008年9月28日

申请人：十堰渝川食品有限公司

联系地址：(442500)湖北省十堰市郧县民营工业园区

发明人：覃宇华

法律状态：实审

文摘：本发明提供了一种蔬菜泡、腌制品的加工方法，将传统泡菜制作工艺的一次加盐法，改为分步加盐法。在蔬菜装入地窖式发酵池内7～10天之后，再按配料比，加3%～5%的食盐，这样可以在发酵早期进行充分的纯乳酸发酵，有利于乳酸的产生，提高盐渍液的酸度，抑制异型乳酸发酵的活动，提高制品的品质；并且增加了精加工工序，在泡菜发酵完成后，进入精加工工序，进一步提升产品品质和档次，经过严格的质量控制和质量检验后出厂，有效保证了产品的质量，所得到的泡、腌蔬菜品质稳定、口感爽脆。

38. 朝鲜族泡菜及其工业化加工方法

申请号：01117534　　**公告号**：1140189　　**申请日**：2001年6月1日

申请人：金昌植

联系地址：(133001)吉林省延吉市延朝路165号延吉可利亚食品有限公司

发明人：金昌植

法律状态：因费用终止公告日：2009年8月12日

文摘：本发明公开朝鲜族泡菜及其工业化加工方法，并公开其保鲜技术。它采用独特的配料和加工方法，以及专门的腌渍设备，一改过去朝鲜族泡菜的加工时间过长，制品上味慢等诸多弊端，缩短生产工期，满足快速生产、上味的要求，并使产品在保持传统、正宗风味的基础上另具独特风味，同时采用由恒温处理机进行抑菌处理的保鲜技术，有效地提高了产品的保鲜期。

39. 蔬菜的发酵方法

申请号：03147007　　**公开号**：1528187　　**申请日**：2003年9月29日

申请人：广州大学

联系地址：(510405)广东省广州市广源中路248号

发明人：王正询、田长恩、雷德柱

法律状态：视撤公告日：2005年12月28日

文摘：本发明是一种用纯天然乳酸发酵蔬菜的方法，包括以下步骤：①制备发酵液。将保加利亚乳杆菌和嗜热链球菌的纯培养物加入发酵容器，加入硬度大于16°、温度为40℃～50℃的水，至发酵容器容积的2/3处，制成发酵液。②密封蔬菜。将滤干蔬菜放入发酵容器中，使得发酵液面距离容器口1～2厘米处，盖上盖子密封。③发酵。将发酵容器移入发酵室，在20℃～30℃条件下发酵6～12天，待发酵液的pH值为3～5后将蔬菜取出;其美味可口、风味独特,并具有保健减肥效果。

40. 腌制蔬菜用的调料和用它制备蔬菜腌制品的方法

申请号:02113877　　公告号:1184899　　申请日:2002年6月14日

申请人:陈卫东

联系地址:(611438)四川省成都市新津县新平镇民柏村蓉新养殖场

发明人:陈卫东

法律状态:因费用终止公告日:2007年7月25日

文摘:本发明公开了一种腌制蔬菜用的调料和用它制备蔬菜腌制品的方法,所述调料由黄豆、小麦、蚕豆组成经混合后压榨、脱油脂、蒸料,晾水分、接曲种、糖化制成、发酵用的曲种为黄曲霉。该调料与经盐渍后精选的白菜混合发酵制成蔬菜腌制品。本发明公开的调料含有多种氨基酸、维生素、大豆蛋白等多种营养成分。用该调料配制而成的蔬菜腌制品具有浓郁的酱香味,色泽褐红亮丽,质地嫩脆,营养丰富,具有开胃、增食之功能;且不含任何色素,属天然的绿色食品。还能解决广大菜农卖菜难,确保菜农增加经济收入。

41. 直投式发酵泡菜的生产方法

申请号:200410096853　　公开号:1615740　　申请日:2004年12月8日

申请人:中国食品发酵工业研究院

联系地址:(100027)北京市朝阳区霄云路32号

发明人:蔡永峰、熊涛、岳国海、郭兴要、李绩、程池、黄宇彤、张贵林

法律状态:视撤公告日:2008年7月16日

文摘:本发明公开了一种直投式发酵泡菜的生产方法,属于蔬菜深加工领域,特别涉及利用复合菌粉生产泡菜的方法。本发明解决了快速生产高品质发酵泡菜的技术问题。本发明主要步骤有:①加料密封。蔬菜原料切分后放入容器中,加入含有植物乳杆菌,醋酸杆菌、干酪乳杆菌、酿酒酵母菌的复合菌粉和含有食盐的辅料,密封容器。②发酵。控制温度在23℃~36℃进行前期发酵,随后将温度控制在15℃~25℃进行后发酵,整个发酵时间在20~40小时。③脱水调配。发酵完毕脱去泡菜水分,加入调味料混合均匀即可。本发明适用于不同规模的泡菜生产,可以明显缩短生产时间,

泡菜产品营养丰富、口味纯正，本产品在泡菜生产领域具有广阔的应用前景。

42. 新型发酵泡菜制作工艺

申请号：200610122953　　公开号：101167563　　申请日：2006 年 10 月 23 日

申请人：叶兆增

联系地址：(528200)广东省佛山市南海区桂城南新大街 A4 座 604

发明人：叶兆增

法律状态：视撤公告日：2008 年 10 月 22 日

文摘：本发明涉及一种新型发酵泡菜制作工艺。该方法制作将加工好的新鲜蔬菜连同营养液一起装入聚乙烯塑料袋内，每 100 克蔬菜加 100 毫升营养液，接上 8%～10%乳酸链球菌纯菌种，然后封口，第一次经发酵室控制发酵温度 28℃～30℃，发酵 20～28 小时，第二次发酵，发酵温度 8℃～12℃，时间 72 小时，然后经检验等工序制成。

43. 一种即食含活益生菌的泡菜及其制备方法

申请号：200610123898　　公告号：100589710　　申请日：2006 年 11 月 30 日

申请人：华南理工大学

联系地址：(510640)广东省广州市天河区五山路 381 号

发明人：刘冬梅、吴晖、余以刚、李晓凤

法律状态：授权

文摘：本发明公开了一种即食含活益生菌的泡菜及其制备方法。将新鲜蔬菜洗净、晾干，加入纯种益生菌在 28℃～30℃厌氧发酵 60～72 小时，将发酵好的泡菜经过简单的调味后进行真空包装，在常温下放置 6 个月，泡菜中益生菌活菌数可达到 10^5～10^6 个/克，食盐含量在 3.0%以下。本发明的益生菌为干酪乳杆菌鼠李糖亚种。本发明的泡菜具有生产周期短，产品质量稳定，可进行工业化生产，含有活的益生菌，可即食。

44. 一种胭脂色泡菜盐水以及由其制作的调味品和胭脂色泡菜

申请号：200710092851　　公开号：101133815　　申请日：2007 年 10 月 18 日

申请人：吴正禄、刘湘

联系地址：(408000)重庆市涪陵区人民西路37号

发明人：刘湘、吴正禄

法律状态：授权

文摘：本发明公开了一种胭脂色泡菜盐水以及由其制作的调味品和胭脂色泡菜，胭脂色泡菜盐水由下列组分制成：冷开水、胭脂红萝卜汁、食用盐、白酒、冰糖、鲜辣椒、鲜仔姜、鲜去皮大蒜、鲜去皮小蒜、鲜椿叶、鲜陈皮、鲜柑子叶、鲜八角、鲜丁香、鲜茴香籽、鲜茴香叶、鲜肉桂、鲜山柰、鲜砂仁、鲜花椒、鲜白芷、鲜豆蔻，将上述各组分按比例放入泡菜坛中，密封发酵5～15天即成。用泡菜盐水内的固体物可制作调味品、泡菜酱、火锅底料、胭脂色泡菜，充分发挥了泡菜作为发酵食品的独特优势，开发了泡菜系列产品。用胭脂红萝卜汁作为调色剂，不含人工色素，不添加防腐剂，用胭脂色泡菜盐水所泡制的泡菜，泡菜色泽艳丽，增加食欲。

45. 一种泡菜的腌制方法

申请号：200710172057　　公开号：101455313　　申请日：2007年12月11日

申请人：上海市延安中学

联系地址：(200336)上海市长宁区茅台路1111号

发明人：焦姮、关羽、杨路

法律状态：公开

文摘：本发明为了解决现有泡菜腌制方法繁琐，生水腌制泡菜难的问题，公开了一种简易泡菜腌制方法。所述方法包括以下步骤：将泡菜坛子洗净待用；将要腌制的泡菜洗净、切块，放入坛中；加入生水和食盐的混合溶液；根据需要加入调味料；加盖密封，将泡菜坛子放在室内阴凉处；浸泡5～10天即可食用。本发明的泡菜腌制方法操作简单，不需添加任何人工防腐剂就能长期保鲜，而且添加的原材料均为天然食品，使泡菜爱好者可根据个人的喜好腌制自己爱吃的泡菜，并且吃得放心和健康，适于推广到每个家庭实施。

46. 一种泡菜制备方法

申请号：200710172058　　公开号：101455314　　申请日：2007年12月11日

申请人：上海德通生物科技有限公司

联系地址：(200025)上海市卢湾区思南路105号2017室

发明人：叶慧君、王胜英

法律状态：公开

文摘：本发明涉及一种泡菜制备方法。它包括下列步骤：①首先选用新鲜蔬菜为原料，加入生盐、食糖、花椒、陈皮、槟榔皮、橄榄皮、茴香、八角和生水制成浸泡液；②放入一层原料然后洒一层浸泡液并压紧；③原料放到占腌缸的2/3处放入浸泡液浸没原料；④最后，再通过软管将臭氧送入腌缸内，直至嗅到臭氧气味为止，加盖密封。采用新鲜蔬菜为原料、生水、生盐、臭氧的输入，进行无菌处理，得到色泽鲜艳，无防腐剂、可长期保鲜的富含营养绿色食品泡菜，利用本发明制作泡菜，不仅简化了泡菜的制作工艺，而且大大缩短了泡菜的生产周期；泡菜汁的咸度和甜度可以根据饮食习惯和口味不同进行灵活调整，适宜制作各种风味和口感的泡菜。

47. 一种酸甜口味泡菜的制作方法

申请号：200710071913　　公开号：101019631　　申请日：2007年3月20日

申请人：林栋

联系地址：(150001)黑龙江省哈尔滨市南岗区宽桥街1号海富名都城2-2-102

发明人：林栋、周振艳、薛慧慧

法律状态：授权

文摘：本发明是一种酸甜口味泡菜的制作方法，它涉及一种食品的制作方法。本发明解决了目前生产酸甜口味的泡菜成本高、生产周期长的问题。本发明由主料和配料液组成，主料占泡菜总质量的58%～61%，其余为配料液。主料为野山椒、小辣椒、鲜蒜或地环，配料液为水、醋酸、柠檬酸、甜味剂、糖精钠和防腐剂。本发明方法的步骤如下：①选料；②腌制；③将经腌制的主料盐水淋干；④用清水洗净经步骤③处理过的主料，并将水淋干；⑤用配料液泡经步骤④处理后的主料；⑥对经步骤⑤处理后的半成品进行挑选；⑦包装。本发明的产品具有增加食欲、解腻的作用。本发明的方法具有操作简单、生产周期短、成本低的优点。本发明尤其适用于腌制酸甜口味的野山椒、糖蒜、地环。

48. 一种泡菜制品的制备方法

申请号：200610015784　　公开号：101147560　　申请日：2006年9月22日

申请人：天津中英纳米科技发展有限公司

联系地址：(300384)天津市南开区物华道2号华苑产业区海泰大厦火炬园A座4-42室

发明人：赵发

法律状态：视撤公告日:2010年6月9日

文摘：本发明为一种泡菜制品的制备方法。其特征在于它由以下步骤构成：①将选取的青菜头剥皮去茎，红萝卜洗净，分别加工成小块；②用盐水溶液搅拌清洗1～3次；③用盐水溶液浸泡至少16小时；④分别配制0.8%～1.2%乳酸菌液和0.8～1.2%葡萄糖，混合制成发酵培养基；⑤将步骤③浸泡过的青菜头和红萝卜放入步骤④中的发酵培养基中浸泡发酵30～36小时；⑥取出步骤⑤浸泡过的青菜头和红萝卜，高温灭菌，包装，即成泡菜制品。其优越性在于:选用新鲜青菜和萝卜作主料，发酵时间充足且味道鲜美，营养价值高，工艺简单，周期短，灭菌充分，便于长时间保存。

49. 使用绿色功能菌(群)发酵制泡菜的方法

申请号：02113426　　公告号：1231141　　申请日：2002年3月7日

申请人：成都新繁食品有限公司

联系地址：(610501)四川省成都市外北新繁镇繁清路144号

发明人：余帅、唐兴波、陈功、谢建将

法律状态：授权

文摘：本发明提供了一种利用绿色功能菌(群)发酵制泡菜的方法。它首先是将乳酸菌、醋酸菌和酵母菌按一定比例复配成一种绿色菌(群)。然后再将这种绿色功能菌(群)的3%～10%溶液与50%～60%泡辣椒盐水、0.3%～1.0%七星椒、0.5%～1.5%碎青芹、0.03%～0.1%青花椒、0.2%～0.8%传统香料、1.0%～1.5%食糖、0～1.0%食盐、0～0.2%酸味量，以及余量的凉开水调配成泡菜发酵液。再用这种泡菜发酵液对蔬菜进行泡制。该方法将制泡菜的发酵时间大大缩短，单位时间的产量翻番，生产成本下降，同时产品质量显著提高，其产品色泽鲜艳，香气芬芳，品味纯正，质地脆嫩。

50. 泥状泡菜制作法

申请号：200610022205　　公告号：100490673　　申请日：2006年11月6日

申请人：四川大学

联系地址：(610207)四川省成都市双流县西航港街川大路四川大学

发明人：梁德富

法律状态：因费用终止公告日：2011年1月19日

文摘：本发明为一种泥状泡菜制作法。将块状泡菜原料洗净切碎，按5∶1的质量比加水后用电动搅拌机打成糊状，再自泡菜坛中取泡菜母液加水稀释成一半浓度后，按加水母液∶原料糊∶食盐＝1∶1∶0.12的比例混合，经1～2小时，用加有300目滤网的离心式脱水机甩干，即得泥状泡菜。采用上述方案不仅使泡菜制作时间大大缩短，还拓展了泡菜的品种和适应人群，更重要的是避免了泡菜中亚硝酸盐的产生。

51. 乳酸发酵腌制酸菜的方法

申请号：02108670　　公开号：1374033　　申请日：2002年4月11日

申请人：连云鹏、梁昌庆

联系地址：(530005)广西壮族自治区南宁市西乡塘路10号广西大学东校园7969信箱

发明人：连云鹏、梁昌庆

法律状态：视撤公告日：2004年12月1日

文摘：本发明为一种乳酸发酵腌制酸菜的方法。向菜坯加入1%的乳酸菌菌液并稍加翻拌，即定量装入真空包装袋内，在0.08兆帕真空度下热封袋口，室温下发酵5～20天即成产品。这种酸菜腌制方法实现了发酵容器和包装容器同一，生产设施小型化、轻便化，产品更具商品特征，较好地解决了产品在贮藏、运输、销售中的问题。

52. 一种干酸菜制作方法及发酵装置

申请号：02109850　　公开号：1465282　　申请日：2002年6月17日

申请人：姜晓峰

联系地址：(112000)辽宁省铁岭县劳动局鞠尚文

发明人：姜晓峰

法律状态：视撤公告日:2006 年 2 月 15 日

文摘：本发明为干酸菜制取方法及发酵装置，涉及一种发酵菜的制作方法。蔬菜经过除杂，清洗，用 80～120 瓦紫外线能量和 0.6～1.5 克/小时臭氧量进行消毒灭菌，再入发酵池，随之注满含乳酸菌 0.5%～1.0% 的乳酸菌溶液，在 18℃～22℃密封条件下，于池内发酵 15～20 天，待总酸达到 1.0～1.5 克/100 毫升时取出，脱水至 75%～95%，封装。用于上述方法的发酵装置，是由发酵池，沉淀池，下部相互连接的排水管，上部相互连接的其中包含有水泵、电加热器、电接点温度计和水管构成的供水管组成。用上述方法与装置结合制作出的酸菜，其品味、品质质量稳定，抗烂、抗腐能力强，适于工业化生产和商品流通，本方法还适用于制作其他发酵菜。

53. 一种酸菜的制作方法

申请号：02117373　　公开号：1380003　　申请日：2002 年 5 月 21 日

申请人：曲广海

联系地址：(066002)河北省秦皇岛市开发区珠江道 27 号新鼎机电工程有限公司

发明人：曲广海

法律状态：视撤公告日:2006 年 1 月 18 日

文摘：本发明为一种酸菜的制作方法，是以花椒、八角、肉桂为香料，加水煮沸，制成腌渍液，以洗净、切好的芥菜头和雪里蕻为原料，用腌渍液及香料将原料菜进行腌渍，得到酸菜，再将酸菜沥干拌以食用油和食盐，分装，灭菌。采用本方法制得的酸菜原料独特，口感鲜脆，色泽光亮，美味可口，而且制作工艺新颖简单，生产周期短，食用方便，保质期长。

54. 一种酸菜腌渍方法

申请号：200410102675　　公开号：1795753　　申请日：2004 年 12 月 29 日

申请人：弓秀珍

联系地址：(125001)辽宁省葫芦岛市连山区派出所

发明人：弓秀珍

法律状态：视撤公告日：2008 年 8 月 27 日

文摘：本发明提出的是食品领域的一种酸菜腌渍方法。通过原料热浸→冷浸→乳酸菌液浸渍→装袋→保温酸化→水洗→容器封装→低温酸化→水洗工序完成。本发明方法的有益效果是：由于在本发明方法中具有热浸、采用乳酸菌液浸渍和保温酸化、低温酸化及水洗的过程，所制成的产品口味好，且没有杂菌感染，亚硝酸盐含量低，而且生产过程时间短、生产效率高、生产成本低，便于大批量工业化生产。适宜以白菜、甘蓝、萝卜等蔬菜为原料腌渍酸菜食品生产中应用。

55. 一种自然发酵细酸菜的制作方法

申请号：200510011366　　公告号：100525646　　申请日：2005 年 2 月 28 日

申请人：施树晴

联系地址：(100043)北京市通州区通惠南路 8 号院 4-1901 号

发明人：施树晴

法律状态：授权

文摘：本发明涉及一种自然发酵细酸菜的制作方法。它包括的步骤是选用大头菜或萝卜，去除菜中的烂菜，保留菜体头上叶 3～10 厘米，将选用菜洗净，在太阳下自然晾晒，去除菜内水分 10%～30%，将晾晒菜用切丝机切成菜丝，在菜丝中按 50 千克加入 0.5～0.75 千克的细盐，置入搅拌机中搅拌均匀，去除菜丝中渗出的水，将菜丝取出并放入收口的容器中，压紧放入的菜丝至放满为止，再将容器中用纱布包封，将置菜后的容器倒置，20℃～30℃条件下自然发酵，时间 2～3 天，待有水从容器口流出、测量菜中 pH 值为 6.9～5.9 时，即为成品。该方法简便易行，且制作成本低，制成的菜有含盐量低、口感微酸、微甜、无咸味和口感好的优点，可推广使用。

56. 一种酸菜制品的制备方法

申请号：200610015793　　公开号：101147562　　申请日：2006 年 9 月 22 日

申请人：天津中英纳米科技发展有限公司

联系地址：(300384)天津市南开区物华道 2 号华苑产业区海泰大厦火炬园 A 座 4-42 室

发明人：赵发

法律状态：视撤公告日：2010年6月9日

文摘：本发明为一种酸菜制品的制备方法。其特征在于它由以下步骤构成：①挑选新鲜、整齐的白菜，用盐水灭菌；②将选好的白菜切成丝，按照每千克白菜加入15～25毫升乳酸菌液，0.5～1.5千克食盐水，5～15克花椒粉及5～15克辣椒粉，搅拌在一起腌制；③将菜丝和浸出液装入食品袋中，抽成真空、封口；④放于15℃～25℃室内发酵8～12天，即成产品。其优越性在于：制备方法简单、卫生；发酵充分，产品不腐烂，贮存期长；其制品味道鲜美，且易于运输。

57. 一种酸菜快速发酵生产方法

申请号：200610112891　　公开号：101138408　　申请日：2006年9月6日

申请人：中国食品发酵工业研究院

联系地址：(100027)北京市朝阳区霄云路32号

发明人：岳国海、李绩、张贵林、陶申奥

法律状态：视撤公告日：2010年7月14日

文摘：本发明公开了一种酸菜快速发酵生产方法，属于蔬菜深加工领域，特别涉及利用复合菌粉生产酸菜的方法。本发明解决的技术问题是提供一种利用复合菌粉生产酸菜的方法。本发明中酸菜产品的生产采用含有植物乳杆菌，干酪乳杆菌，酿酒酵母菌的复合菌粉作为酸菜生产的发酵剂。本发明中酸菜生产的主要步骤包括：蔬菜清洗，切分，放入酸菜生产容器，随后加入0.01～1克/千克复合菌粉、0.5%～2%蔗糖、1%～3%食盐，密封容器；控制温度在23℃～36℃进行48～72小时后发酵；整个发酵期间容器密封；发酵完毕经真空包装冷藏销售或包装灭菌即可。

58. 一种蔬菜瓜果酱

申请号：200310109419　　公开号：1628545　　申请日：2003年12月16日

申请人：新昌县雨露食品厂

联系地址：(312500)浙江省新昌县大市聚镇官家岭

发明人：王云亭

法律状态：视撤公告日：2007年8月15日

文摘：本发明各成分(按质量分数计)比例为：花生仁15%～30%，番茄8%～15%，黄瓜8%～15%，苦瓜4%～8%，胡萝卜8%～12%，萝卜8%～12%，南瓜8%～12%，水果8%～12%，大蒜4%～7%，生姜3%～7%，香菜3%～7%，紫菜1%～4%，枸杞1%～5%，甘草1%～5%。制作过程是先将原料清洗，接着将南瓜和花生仁蒸熟、打浆，生姜、紫菜、枸杞、甘草进行烘干、粉碎，其余原料切片后直接打浆，再后将各种原料拌匀即可。本发明营养成分均衡、全面，完全能满足人体每日所需，且有多种保健功效；味道纯香、清淡，非常适合单独食用。

59. 一种什锦酱菜及制备方法

申请号：200810160255　　公开号：101455316　　申请日：2008年11月11日

申请人：孙莉

联系地址：(251700)山东省滨州市惠民县孙武镇中学

发明人：孙莉

法律状态：实审

文摘：本发明提供一种什锦酱菜及制备方法，主料：黄瓜、洋姜、尖辣椒；辅料：花生仁、芝麻、白砂糖、鲜姜、食用油、甜面酱、花椒、八角、食盐、明矾、白酒、味精。制作方法：黄瓜切细条，鲜姜切丁，将黄瓜条、洋姜加入食盐腌渍去汁，晾晒备用。甜面酱炒出香味，加入白糖，搅拌至溶解；芝麻炒熟；鲜姜、尖辣椒洗净切成段，沥干备用。取一腌缸，依次加入上述原料，最后加入明矾、白酒、味精，充分搅拌均匀，加盖密封，3～4天后即可食用。

60. 菜瓜酱菜的制作方法

申请号：01127266　　公告号：1150835　　申请日：2001年9月24日

申请人：孙建良

联系地址：(222100)江苏省赣榆县青口镇新庄村富丽南巷5号李家聚转李波收

发明人：孙建良、李波

法律状态：因费用终止公告日：2007年11月21日

文摘：本发明为一种菜瓜酱菜的制作方法。它是由以下原料及辅料制成：新鲜菜瓜、面粉、酱油曲精、食盐、氧化钙、明矾，其主要方法为首先榨面制曲，然后选瓜扎眼腌制入缸、倒缸捋瓜、翻缸、打耙、日晒夜露而出成品。

本发明在传统酱菜的制作工艺基础上，利用独特的工艺与配方精工制作，具有奇特的风格和特点，酱味厚长，清脆爽口，而且贮存方便，是居家的上等佳肴和馈赠亲友的绝佳礼品。

61. 一种青香瓜酱菜制品及其制备方法

申请号：200610015782　　公开号：101147558　　申请日：2006年9月22日

申请人：天津中英纳米科技发展有限公司

联系地址：(300384)天津市南开区物华道2号华苑产业区海泰大厦火炬园A座4-42室

发明人：赵发

法律状态：视撤公告日：2010年6月9日

文摘：本发明为一种青香瓜酱菜制作方法。它的配方为：青香瓜、蒜头、生姜及辣椒，其质量比为7.5～9∶0.5～1∶0.3～0.5∶0.2～0.4。其制备方法为：①选取青香瓜，洗净；②选取蒜头、生姜及辣椒，蒜头去皮，生姜切块；③将青香瓜、蒜头、生姜及辣椒混合，加入调味品，拌匀；④将步骤③的混合物放入腌缸中，倒入酱油，酱油没过混合物；⑤酱制20～25天；⑥将酱制后混合物捞出，消毒灭菌，真空包装，即成产品。其优越性在于：色泽橙黄透明，风味特殊，酱香味浓郁，脆嫩可口；营养丰富，老幼皆宜；制备方法卫生、简单；产品可长时间保存。

62. 一种酱菜制品的制备方法

申请号：200610015783　　公开号：101147559　　申请日：2006年9月22日

申请人：天津中英纳米科技发展有限公司

联系地址：(300384)天津市南开区物华道2号华苑产业区海泰大厦火炬园A座4-42室

发明人：赵发

法律状态：视撤公告日：2010年6月9日

文摘：本发明为一种酱菜制品的制备方法。它由以下步骤构成：①先将选取的蔬菜整理、清洗、腌制、撒盐后制成菜坯；②将菜坯装入速制酱菜的真空渗透设备中；③进行抽气实现相对真空，保持负压3～8小时后回复常压，并在回复常压过程中加入料液保持常压3～8小时；④进行充气加压，保持正压 3～8 小时后回复常压，保持常压 3～8 小时；⑤步骤③～④循环操作 2～6 次；⑥进行常压酱渍，过滤出剩余料液，将酱制好的酱菜进行包装后制成酱菜制品。其优越性在于：选用各种新鲜蔬菜作主要成分，其营养价值高、味道鲜美；制备工艺简单，成本低，周期短；制备过程在真空环境下进行，便于调味料的渗透，使酱菜味道均匀，产品可长时间保存。

63. 一种冷冻浅渍调味蔬菜的制作方法

申请号：200610041042　　公告号：100435659　　申请日：2006 年 7 月 17 日

申请人：海通食品集团股份有限公司

联系地址：(315300)浙江省慈溪市海通路 528 号

发明人：孙金才、张戀、钟齐丰、李方、范柳萍

法律状态：授权

文摘：本发明为一种冷冻浅渍调味蔬菜的制作方法，属于农产品深加工技术领域。本发明的主要特征为：新鲜蔬菜原料以及半成品采用了 150～250 毫克/升次氯酸钠溶液浸泡 6～10 分钟消毒；采用了两次低温、低盐、短时间的腌渍；半成品经过－4℃～0℃条件下调味浸渍，调味液中含有 5%～6%海藻糖；产品真空包装后不进行热杀菌，而需要速冻和－18℃条件下冷冻保存。本发明以新鲜蔬菜为原料，采用两次低温、低盐度、短时间的腌渍，避免产品腌渍过熟而软化，有效保证了口感，采用次氯酸钠溶液浸泡消毒和冷冻贮藏的工艺，避免了常规的巴氏热杀菌工艺，保持了产品的天然色泽和脆感。

64. 一种蔬菜休闲食品及其制作方法

申请号：01127893　　公开号：1408259　　申请日：2001 年 9 月 27 日

申请人：深圳市开心族实业有限公司

联系地址：(518031)广东省深圳市福田区华强北路深纺大厦 A 座 10 楼

发明人：段盛林、黄志好、唐静、张碧青、张明、蓝海平

法律状态：视撤公告日：2005 年 5 月 25 日

文摘：本发明公开了一种蔬菜休闲食品及该食品的制作方法。其食品是以蔬菜为主体，经洗涤、消毒、冲洗、切段、修整、消毒、渗糖、干燥、包装工

序，形成开袋即食的休闲食品。其渗糖工序所需糖液的配方：水 50%～60%，蔗糖 30%～40%，饴糖 5%～15%，麦芽低聚糖 2%～20%，柠檬酸 0.1%～0.5%，护色剂或稳定剂 0.01%～0.5%，防腐剂 0.01%～0.05%；其制作方法包括糖液配制、蔬菜处理、渗糖、灭酶、烘干、包装等步骤。本发明是一种低糖无盐营养食品，由于在加工过程中采用了低温操作，因此蔬菜中的主要营养成分可以得到保存，食用它可以保证人体所需维生素、矿物质和微量元素等营养成分。同时，本发明采用低糖工艺配方和稳定化技术，使产品甜而不腻、香味四溢、色泽诱人，可长时期保存。

65. 一种干制蔬菜及其制造工艺

申请号：200810012875　　公开号：101341958　　申请日：2008 年 8 月 21 日

申请人：王丽娟

联系地址：(110122)辽宁省沈阳市沈北新区沈虎路 29 号

发明人：王丽娟

法律状态：公开

文摘：本发明涉及一种食品加工的技术领域，尤其是一种干制蔬菜及其制造工艺。本发明是由以下原料(按质量计)组成：蔬菜 60～80 份，水 10～20 份，食用胶 1～2 份，食用糖 2～4 份，食用盐 3～6 份，味精 3～6 份，柠檬酸 1～2 份。本发明由于将新鲜蔬菜经精加工后，使其既保留蔬菜的营养成分，又具有特殊口味，适合广大人民食用，可以作为旅游、外出，野外等无法食用到新鲜蔬菜的地方食用，也可以作为小食品给人们的生活增加一份美味。

66. 一种压缩干蔬菜的制备方法

申请号：200610044334　　公开号：101081068　　申请日：2006 年 5 月 30 日

申请人：荆献芝

联系地址：(256400)山东省淄博市桓台县起凤镇鱼一村

发明人：荆献芝

法律状态：视撤公告日：2010 年 4 月 7 日

文摘：本发明涉及一种压缩干蔬菜的制备方法。包括以下步骤：①原料挑选，去掉腐坏变质及不符合质级要求的蔬菜。②消毒清洗，用清水冲洗或放入相应溶液中消毒后用清水冲洗，溶液可以是0.5%～1.5%盐酸溶液、0.1%高锰酸钾溶液、600毫克/升漂白粉混悬液。③原料整理，用手工或机械的方法将蔬菜的茎、根、皮等影响口感及风味的部分去掉。④切分，根据加工需要将整理好的蔬菜切成片、块、条、丝、段等形状。⑤热烫护色，将切分好的蔬菜放入95℃～100℃水中热烫10秒钟至10分钟，以利于保持颜色。⑥冷却沥水，将热烫后的蔬菜立即放入冷水中冷却至常温以下，将水控净或用离心机甩干。⑦压缩，将冷却沥水的蔬菜进行压缩处理。⑧真空干燥，将压缩后的蔬菜放入真空仓内干燥10～25小时，使蔬菜的含水量达到3%。⑨防潮包装，将干燥好的蔬菜装入防潮包装内即可。使用本发明方法加工而成的蔬菜，具有保鲜时间长、携带食用方便、保持蔬菜原有营养成分等特点。

67. 一种冻干蔬菜的制备方法

申请号：02118250　　公开号：1454504　　申请日：2002年4月30日

申请人：宋述孝

联系地址：(265226)山东省莱阳大夼镇驻地

发明人：宋述孝、王官德、刘芳

法律状态：视撤公告日：2006年10月18日

文摘：本发明公开了一种冻干蔬菜的制备方法。通过原料挑选、消毒清洗、原料整理、切分、热烫护色、冷却沥水、速冻、真空干燥、防潮包装等步骤加工而成，使用本发明方法加工而成的蔬菜，具有保鲜时间长、携带食用方便、保持蔬菜原有营养成分等特点。

68. 一种蔬菜制品的制作方法

申请号：200410022368　　公开号：1568778　　申请日：2004年4月23日

申请人：罗定超

联系地址：(620010)四川省眉山市一环路南段485号：眉山进出口有限公司

发明人：罗定超

法律状态：视撤公告日：2007年12月19日

文摘：本发明为一种蔬菜制品的制作方法。其制作步骤：①选用新鲜蔬菜，洗净后置入盛装有食盐水的坛中，在密闭的条件下浸泡4～6个月；②将经上一步骤处理后的蔬菜从坛中取出，脱水至含水量为50%～75%并切成条块；③在锅内置入菜油并加热至115℃～125℃，将经上一步骤处理后的条块状蔬菜置入锅内用油炸制，待条块状蔬菜炸制为表面微黄时，将其从锅内取出；④滤出炸制后的条块状蔬菜上黏附的部分菜油，待炸制后的条块状蔬菜被滤至含油量20%～30%时，将其封装于密闭容器内，即得成品。

69. 一种蔬菜系列食品

申请号：200510098307　　公开号：1927034　　申请日：2005年9月7日

申请人：徐昭苏、刘畅、刘媛

联系地址：(100088)北京市海淀区北三环中路46号西门教科宿舍2号楼5071号

发明人：徐昭苏、刘畅、刘媛

法律状态：实审

文摘：本发明公开了一种蔬菜系列食品。该蔬菜系列食品由大白菜、小白菜、圆白菜、芹菜、菠菜、油菜、茄子、番茄、黄瓜、洋葱、茭白、萝卜、胡萝卜、莴笋、甜椒、大椒、西葫芦、冬瓜、苦瓜、荷兰豆、扁豆、豌豆、丝瓜、毛豆、藕，分别加水、盐、白砂糖、山梨酸组成。各组分的体积配比分别为：鲜菜固体物为40%～80%，水20%～60%，盐为适量，白砂糖为适量，山梨酸为微量。本发明具有补充人体所需多种元素及维生素等作用和功效，鲜菜保鲜时间较长且不失鲜菜之原味，是边防战士、海员、高寒地区人们极佳的鲜菜食品。

70. 脱水即食方便蔬菜汤及其制作方法

申请号：02107274　　公开号：1408269　　申请日：2002年3月21日

申请人：山东莱阳远洋食品有限公司

联系地址：(265226)山东省莱阳大夼镇驻地

发明人：宋述孝、王官德、刘芳

法律状态：视撤公告日：2006年10月4日

文摘：本发明为一种脱水即食方便蔬菜汤及其制作方法。其特点是蔬菜汤由各种蔬菜和调味品按照不同的比例熟制后经过真空脱水而成的。本发明的优点是不但能保持蔬菜的原有营养成分不变，可以即冲即食，而且大大延长了保质期限，贮存和携带都很方便。

71. 一种蔬菜汤生产工艺

申请号：200310111491　　公开号：1620930　　申请日：2003年11月30日

申请人：黎春梅

联系地址：(448000)湖北省荆门市掇刀开发区希望路4号

发明人：黎春梅

法律状态：视撤公告日：2008年7月23日

文摘：本发明为一种蔬菜汤生产工艺。其生产工艺为：①原料精选清洗：将新鲜蔬菜精选并用水洗净；②打浆：用打浆机将蔬菜打成浆；③过滤取汁：将上述蔬菜浆过滤取汁去渣；④配汤：将上述蔬菜汁加水、盐和调料配成汤；⑤灭菌包装：将上述蔬菜汤在95℃～100℃条件下灭菌或用射线灭菌后装瓶包装。本发明的特点是：它生产出的蔬菜汤营养保存好，维生素含量高，口感好，对不喜欢吃蔬菜的人尤为适用。

72. 利用蔬菜叶制备的蔬菜浓缩汁及其制备方法

申请号：200710190271　　公开号：101181042　　申请日：2007年11月23日

申请人：中华全国供销合作总社南京野生植物综合利用研究院

联系地址：(210042)江苏省南京市玄武区蒋王庙街4号

发明人：钱骅、赵伯涛、黄晓德、张卫明

法律状态：实审

文摘：本发明公开了利用蔬菜叶制备的蔬菜浓缩汁及其制备方法。该浓缩汁是将原料预清洗，冷冻后解冻，制汁，澄清处理，清液浓缩即得。本发明还公开了利用制备蔬菜浓缩汁时的废弃物提取叶绿素及制备叶绿素铜钠盐或叶绿素锌钠盐的方法。本发明提供的蔬菜浓缩汁口感好，有蔬菜特有的气味，营养成分和活性物质损失少，稳定性好。利用本发明方法制备的叶绿素铜钠盐、叶绿素锌钠盐主要技术指标与国家GB 3262－82标准基本相符，具有节省成本、环保的作用。

73. 一种微波冷冻调理蔬菜及其制作方法

申请号：200810060821　　公开号：101243853　　申请日：2008年

3月25日

申请人：海通食品集团股份有限公司

联系地址：(315300)浙江省慈溪市浒山街道海通路528号

发明人：卢利群、孙金才、包伟明、周乐群

法律状态：实审

文摘：本发明为一种微波冷冻调理蔬菜，由冷冻蔬菜和冷冻调味料块组成，所述的冷冻调味料块由呈味调味料和变性淀粉通过水混合而成。其制作方法包括下列步骤：①将新鲜的蔬菜制作成冷冻蔬菜备用；②将呈味调料和变性淀粉加水混合均匀，并在80℃～90℃的温度下加热3～7分钟，然后充填、急冻制作成冷冻调味料块；③将冷冻蔬菜和冷冻调味料块按比例混合装入专用微波袋，封口而成微波冷冻调理蔬菜。本发明的微波冷冻调理蔬菜，在贮存过程中对蔬菜的味道不会产生影响；冷冻调味料块中含有变性淀粉作为增稠剂，使该产品中的蔬菜与呈味调味料在微波加热后能很好地融合，可获得更好的口感及外观。

74. 一种低含盐量海水蔬菜制品的真空微波加工方法

申请号：200810019049　　公开号：101214068　　申请日：2008年1月11日

申请人：江苏晶隆海洋产业发展有限公司、江南大学

联系地址：(224145)江苏省大丰市海洋经济区晶隆公司1号

发明人：蔡金龙、张慜、竹文礼、周祥、朱铖培

法律状态：授权

文摘：本发明为一种低含盐量海水蔬菜制品的真空微波加工方法，属于果蔬食品加工技术领域。本发明采用延长漂烫时间，冷冻和真空渗透脱盐方法与真空微波干燥膨化方法，其过程为：将海水蔬菜原料选取、清洗、护色液浸泡、漂烫灭酶、冷冻和真空渗透脱盐、调味、常压热风预脱水、真空微波干燥膨化和包装。本发明利用延长漂烫时间、冷冻处理及真空渗透预处理进行脱盐的新工艺，具有脱盐效果好，原料初始状态保持好，运行成本低等特点；并采用真空微波的加工方法，提高了产品的膨化度，具有作用时间短，营养成分保存好，色泽、感观等品质好的特点。

75. 凝胶体蔬菜

申请号：200610105155　　公开号：1973666　　申请日：2006年12

月 14 日

申请人：陈发旺

联系地址：(710048)陕西省西安市碑林区东关窦府巷小区 2 号楼 1 单元 5 层 4 号

发明人：陈发旺

法律状态：视撤公告日：2010 年 9 月 1 日

文摘：本发明为一种可以直接食用的凝胶体蔬菜。它是在蔬菜被粉碎或是被压榨处理分离出蔬菜汁液和蔬菜植物纤维后，再用蔬菜汁液或含水蔬菜汁液制成的蔬菜汁胶液、重新作为蔬菜植物纤维的载体所混合制成的凝胶体蔬菜。

76. 快食蔬菜汤加工方法

申请号：200510104584　　公开号：1969669　　申请日：2005 年 11 月 24 日

申请人：黄冰

联系地址：(250000)山东省济南市天桥区北园路 75 号

发明人：黄冰

法律状态：视撤公告日：2009 年 7 月 22 日

文摘：本发明是把蔬菜按比例搭配后经高温蒸汽蒸煮后，加入不同风味调味料，装入包装袋、一次性卫生碗、易拉罐内进行灭菌处理，从而达到能长期保存并在食用时只需用热开水冲泡即可食用的一种快食蔬菜汤加工方法。

77. 蔬菜汤料

申请号：03137462　　公开号：1565263　　申请日：2003 年 6 月 24 日

申请人：田恩广

联系地址：(101103)北京市通州区大杜社镇西马各庄乐器厂

发明人：田恩广

法律状态：视撤公告日：2007 年 2 月 21 日

文摘：本发明属食品领域，具体涉及一种蔬菜汤料。基本由含水量小于 1%以下质量配比的干菜制成：萝卜 2～10 份，胡萝卜 1～6 份，牛蒡 2～10 份，香菇 1～8 份。本发明的蔬菜汤料里含有丰富的叶酸、维生素 C、粗纤维、胡萝卜素、牛蒡酚及干扰病毒蛋白质合成的干扰素，不但能促进、强化身体细胞，还能使之增殖；增强白细胞、血小板，并有增进体细胞功能，强健身体。

78. 即食速溶蔬菜汤包和方便面蔬菜汤包及加工方法

申请号：200710163372　　公开号：101416710　　申请日：2007年10月23日

申请人：陈中红

联系地址：(300140)天津市河北区印江道印江北里4-17-301

发明人：陈中红

法律状态：实审

文摘：本发明公开了一种即食速溶蔬菜汤包和方便面蔬菜汤包。本发明用新鲜蔬菜通过脱水后和脱水天然调味料粉混合，再加入脱水蔬菜块或粒和盐、酱油粉、大酱粉等各种天然调味料中的一种或几种混合在一起，脱水蔬菜粉增加了汤底的浓度、色泽和口感，脱水蔬菜块或粒增加作料的外观颜色和口感，有实惠的感觉，较多的蔬菜增加了营养量，辅助作料汤包中不含油、味精及各种添加剂，既保持了蔬菜原有的营养成分及天然蔬菜的鲜味，又起到了调味料色香味俱全的目的；既可用于即食配料，也可做即食速溶汤；既环保，又有益于人体健康。

79. 野生蔬菜调味包及其生产方法

申请号：03144020　　公开号：1513362　　申请日：2003年7月26日

申请人：马小真

联系地址：(810000)青海省西宁市西宁监狱114信箱2-4

发明人：马小真

法律状态：视撤公告日：2007年2月21日

文摘：本发明公开了一种用牦牛肉、野生蘑菇、野葱花、野生蕨菜等为原料的由实物包、野生蔬菜包和调味包组成的野生蔬菜调味包及其生产方法。所述实物包的组分和配比为：熟牛肉20%～40%，骨头10%～20%，青盐2%～8%，黑胡椒0.5%～1%，草果0.7%～1%，生姜2%～3%，花椒1.3%～2%，桂枝0.2%～0.5%，肉蔻0.3%～0.5%，红糖0.8%～1.5%，菜籽油0.4%～1.5%，蚕豆淀粉0.3%～1%。所述野生蔬菜包的组分和配比为:熟牦牛肉80%~60%,野生香菇10%~20%,野葱花3%~6%,野生蕨菜5%~10%,野香菜2%~4%。所述调味包的组分和配比为:辣椒油6%~12%,番茄酱90%~80%,野蒜泥酱4%~8%。将已选好的剔骨牦牛肉和剔下的牦牛肉骨头等物料在锅内煮好后,按本发明方法分别制成实物包、野生蔬菜包和调味包。

80. 佐加食用菌制品的快餐蔬菜青绿色粉丝

申请号:01101556　　公开号:1332978　　申请日:2001年1月3日

申请人:吴跃飞

联系地址:(413523)湖南省安化县乐安农村实用技术研究所

发明人:吴跃飞

法律状态:视撤公告日:2002年7月3日

文摘:本发明涉及一类快餐蔬菜粉丝佐加食用菌的生产。其特征是在普通粉丝的制造中加放蔬菜成分,制成一种天然青绿色快餐蔬菜粉丝,再适当佐加食用菌制品,制成不同档次的既含蔬菜成分,又含食用菌成分的天然青绿色快餐粉丝,其产品档次比普通快餐粉丝高。

81. 蔬菜米粉条及其生产工艺

申请号:03118889　　公开号:1456083　　申请日:2003年4月4日

申请人:刘辉

联系地址:(443000)湖北省宜昌市西陵区石板村六组

发明人:刘辉

法律状态:视撤公告日:2007年1月10日

文摘:本发明公开了一种蔬菜米粉条及其生产工艺。其步骤是:①大米经筛选、清洗后,用水浸泡4~8小时或42~78小时,粉碎、磨浆,制成大米浆;②将芹菜、香菇、红薯叶、红薯茎嫩芽和莴笋洗净后,捣碎制成蔬菜浆;③将上述大米浆和蔬菜浆混合,搅拌,经熟化、切条(或模具成形),制成成品,检验、入库。本发明由于在大米浆中加入了蔬菜浆成分,所以使生产出来的米粉条具有天然的蔬菜颜色,并且营养丰富,质地柔韧,爽滑可口,且不含有任何添加剂和防腐剂,是一种纯天然的绿色食品。

82. 蔬菜粉丝

申请号：200410023607　　公开号：1618329　　申请日：2004 年 2 月 20 日

申请人：烟台商都料理食品有限公司

联系地址：(265209)山东省烟台市莱阳市龙旺庄街道办事处庙后

发明人：康自成

法律状态：视撤公告日：2006 年 11 月 1 日

文摘：本发明公开了一种粉丝，它是一种含有蔬菜原有营养成分的蔬菜粉丝。其特点是，其中加入了占淀粉质量≤15%的蔬菜粉，极大改善了粉丝的原有口味，增强了粉丝的适口性，且人体可直接吸收和利用蔬菜中所含的营养物质，具有绿色营养价值。

83. 彩色蔬菜饺子粉

申请号：200710150232　　公开号：101438793　　申请日：2007 年 11 月 20 日

申请人：孙存正

联系地址：(300042)天津市河西区蚌埠道 16 号

发明人：孙存正

法律状态：公开

文摘：本发明公开了一种彩色蔬菜饺子粉的制造方法。利用本方法可显著地改善人们餐桌上的感观色泽，并增加人体所需的微量元素。其技术方案是：把胡萝卜、番茄、菠菜分别清洗后切割，然后进行干燥，使蔬菜水分控制在 8%，之后入粉碎机粉碎过筛后与高筋小麦粉混合，混合后即得彩色蔬菜饺子粉。

84. 非油炸蔬菜杂粮营养方便面及其制作方法

申请号：02100675　　公告号：1221183　　申请日：2002 年 2 月 22 日

申请人：韩岩

联系地址：(041000)山西省临汾市尧都区东关立交桥南 2 号

发明人：韩岩

法律状态：因费用终止公告日：2008 年 5 月 21 日

文摘：本发明为一种非油炸蔬菜杂粮营养方便面。其特点是选用高海拔、无污染地区的多种杂粮以及绿色蔬菜为原料，制作方法如下：将处理干净的单一或多种蔬菜经沸水烫过制成菜糊，用菜糊和蛋液将单一种或几种面粉和成原料面，制作中采用高温蒸汽熟化和微波炉加热熟化烘干新工艺；和面时，面粉与菜糊的重量比例为：面粉 70%～80%，蔬菜 20%～30%，每千克面粉加入食用碳酸钙粉末 4～8 克、小苏打微量。本发明采用非油炸工艺，能显著降低方便面的脂肪含量，有利于延长方便面的保质期，其配方科学合理，低盐、低油、营养丰富、风味独特，生产工艺先进，能快速复水，适合幼儿、青少年生长发育期及中老年体弱者对营养的全面需求。

85. 三色蔬菜面

申请号：200310121965　　公开号：1625967　　申请日：2003 年 12 月 9 日

申请人：李昆祥

联系地址：(834000)新疆维吾尔自治区克拉玛依市文明新村 24 栋 10 号

发明人：李昆祥

法律状态：视撤公告日：2008 年 10 月 1 日

文摘：本发明为一种食品三色蔬菜面。是以面粉为主料，分别加入番茄、菠菜和胡萝卜组成，首先将番茄、菠菜和胡萝卜分别制作提取液，再将提取液分别加入面粉中进行搅拌调粉，按常规方法进入和面机进行面团熟化、压出面带、切块，将分别切好的三色面带进行复压即可形成三色蔬菜面。该三色面含有丰富的番茄、菠菜和胡萝卜中的维生素，其营养价值高，色泽鲜艳，能增加食欲，为增加面食的品种提供了新的途径。

86. 全质蔬菜面及其生产方法

申请号：200510078202　　公开号：1685957　　申请日：2005 年 6 月 7 日

申请人：徐功林

联系地址：(236300)安徽省阜南县王店乡政府

发明人：徐功林

法律状态：视撤公告日：2008 年 10 月 29 日

文摘：本发明提供了一种全质蔬菜面的加工生产方法。它是选用无公害全质新鲜蔬菜及水洗后的小麦制成的面粉，再配以鲜鸡蛋经加工精制而成。本发明将蔬菜清洗、干燥后全质制粉，保存了蔬菜中原有的纤维素、矿物质等营养成分。食用后可明显改善便秘人群的便秘症状，并对不爱吃蔬菜、爱挑食的儿童起到较为有效的补充作用。

87. 一种蔬菜沙琪玛及其加工工艺

申请号：200810045102　　公开号：101194637　　申请日：2008年1月2日

申请人：彭亮

联系地址：(611933)四川省彭州市军乐镇玉皇村3组31号

发明人：彭亮

法律状态：实审

文摘：本发明公开了一种蔬菜沙琪玛。所述蔬菜沙琪玛的各组分及其质量配比为：高筋面粉25份，禽蛋15～25份，食用糖30～100份，食用油20～40份，膨松剂0.2～1份，香精0.05～0.1份，蔬菜粉或蔬菜汁10～15份。上述蔬菜沙琪玛的加工工艺主要包括以下步骤：和面→醒发→切条→醒发→油炸→拌糖→成形及包装。该蔬菜沙琪玛配方科学，口感良好，适合于老、青、幼不同年龄段的消费者，尤其适合于对食物营养有特别需求的消费者食用；该蔬菜沙琪玛的加工工艺简单实用，适于大批量生产。

88. 蔬菜豆腐

申请号：200410042540　　公开号：1579220　　申请日：2004年5月21日

申请人：刘景斌

联系地址：(100089)北京市2443信箱绿生宝公司

发明人：刘景斌、高丁兰

法律状态：视撤公告日：2007年7月25日

文摘：本发明公开了一种蔬菜豆腐。这种蔬菜豆腐是在以大豆为主要组分的豆腐中加入蔬菜组分，特别是食母菜，使每500克蔬菜豆腐中含食母菜0.1～60克。本发明的优点是：本豆腐中不但含有大豆的营养成分，而且还含有食母菜的营养成分，且无任何食品添加剂，味道鲜美，细腻劲道，营养丰富、更易于人体吸收，长期食用有利于降血压、血糖，尤其可减轻便秘。

89. 一种多营养的蔬菜豆腐

申请号：200410097677　　公开号：1768595　　申请日：2004年11月6日

申请人：宋文挺

联系地址：(155630)黑龙江省宝清县853农场建行

发明人：宋文挺

法律状态：视撤公告日:2008年7月30日

文摘：本发明为在豆腐中加入胡萝卜的一种多营养蔬菜豆腐。将胡萝卜加工成碎丁,放在豆浆中一起加热,点浆时和豆脑融合在一起,经压包而成。该发明不增加成本,不易假冒,在食用豆腐的同时摄取了更多的营养,对提高人体素质起到了积极的效果。

90. 一种蔬菜豆腐咸菜的制作方法

申请号：200610044812　　公开号：101088389　　申请日：2006年6月16日

申请人：顾友恒

联系地址：(255100)山东省淄博市淄川区泉龙生活区种子站宿舍

发明人：顾友恒

法律状态：视撤公告日:2010年6月16日

文摘：本发明涉及一种蔬菜豆腐咸菜的制作方法。它将以食盐腌制过的蔬菜豆腐切块,经油炸至微黄,然后均匀拌入调料后上屉蒸制60分钟,即可制作出色泽黄郁、香味浓郁、口感细腻、营养丰富的蔬菜豆腐咸菜。本发明选料细致,制作精良,其产品营养价值相当丰富,具有益气和中、生津解毒的功效,长期食用能达到养生保健的作用,可用于赤眼、消渴、下痢等症,以及解除硫磺、烧酒中毒。

91. 一种速食蔬菜豆腐花

申请号：200810233065　　公开号：101411435　　申请日：2008年11月12日

申请人：曾兴源

联系地址：(528000)广东省佛山市禅城区澜石镇沙岗管理区沙岗村委会教学楼宿舍

发明人：曾兴源

法律状态：授权

文摘：本发明为一种速食蔬菜豆腐花。它由黄豆浆烘干物、麦芽糖、脱水蔬菜、稳定和凝固剂构成，其质量配比为：黄豆浆烘干物 12～20 份，麦芽糖 22～42 份，脱水蔬菜 3～7 份，稳定和凝固剂 3 份。本发明与已有技术相比，具有刺激食欲、口味特别、营养丰富等优点。

92. 一种功能豆制品的蔬菜制备方法

申请号：200710071624　　公开号：101002583　　申请日：2007 年 1 月 10 日

申请人：宿长洲

联系地址：(150018)黑龙江省哈尔滨市南岗区文成街 32 号 7 号楼 1 单元 4 楼 3 号

发明人：宿长洲

法律状态：视撤公告日：2010 年 10 月 20 日

文摘：本发明为一种功能豆制品的蔬菜制备方法。选择人工含硒、锌元素的大豆为原料，按常规技术加工出半凝固豆腐脑，取新鲜绿叶蔬菜小葱、菠菜、香菜或生菜，切成小段长度为 3～10 毫米，或切成碎茸，放入偏碱性热水中，水焯，除去蔬菜中草酸与蔬菜中异味。经水冷却后，将蔬菜小段或碎茸添加入半凝固豆腐脑中，慢慢混拌均匀，放入豆制品容器中，按常规技术加工出含硒、锌带有蔬菜的水豆腐、干豆腐或五香豆腐干。该制备方法，操作简单，成本低，豆制品营养均衡，降低绿叶蔬菜中草酸含量，防止了豆制品钙的损失。

93. 蔬菜香肠

申请号：200310107239　　公开号：1625972　　申请日：2003 年 12 月 9 日

申请人：杨印杰

联系地址：(300134)天津市红桥区光荣道千里堤口天津市工业职业技术学院 02 广告班

发明人：杨印杰

法律状态：视撤公告日：2007 年 8 月 15 日

文摘：本发明为一种蔬菜香肠。该香肠的配料有蔬菜、肉香精、盐。蔬菜采用以下一种或几种：白菜、香菜、萝卜、瓜类、蘑菇。本发明的特点是：本蔬菜香肠风味独特，适于肥胖者，高血压、高血脂、高血糖的人食用。

94. 一种蔬菜肠及其制备方法

申请号：200610015800　　公开号：101147609　　申请日：2006年9月22日

申请人：天津中英纳米科技发展有限公司

联系地址：(300384)天津市南开区物华道2号华苑产业区海泰大厦火炬园A座4-42室

发明人：赵发

法律状态：视撤公告日：2010年6月9日

文摘：本发明为一种蔬菜肠。其配方为：肉类、蔬菜及淀粉，其质量配比为4～8：4～8：2～6。其制备方法为：①选取新鲜主料蔬菜及辅料蔬菜制成泥浆状；②选取肉类制成肉泥；③将步骤①中制成的蔬菜浆按照上述比例放入步骤②中制成的肉泥中，搅拌均匀；④加入淀粉继续搅拌；⑤在步骤④制成的混合物中加入作料及调料，搅拌均匀；⑥加热15～25分钟；⑦经加热灭菌处理，包装成火腿肠式样的方便食品。其特点：该食品中使用天然蔬菜为主要制备成分，富含人体必需的营养成分、膳食纤维、维生素A、维生素C及维生素E和多种微量元素；味道鲜美，口感好，营养易于吸收，老幼食用皆宜；制备方法卫生、简单。

95. 蔬菜肠及其制作方法

申请号：200710115151　　公开号：101199331　　申请日：2007年12月6日

申请人：贾明跃

联系地址：(274200)山东省菏泽市成武县县委街东段物价局检查所路北

发明人：贾明跃

法律状态：授权

文摘：本发明为一种甜三丝蔬菜肠。原料由主料和辅料组成，主料质量配比为：脱水冬瓜丝55～65份，脱水胡萝卜丝25～35份，脱水姜丝8～12份；辅料质量配比为：白砂糖6～8份，奶粉3～6份，核桃粉2～4份，蜂蜜1～2份，香菜籽粉3～6份，古月面2～4份，青红丝1～2份，卡拉胶4～6

份，冰水 10～20 份。本制作方法包括以下步骤：原料配制、灌肠结扎、巴氏杀菌。本发明在我国首创利用蔬菜加工灌肠制品，不仅能延长蔬菜的保鲜、保质期，而且把蔬菜中的各种维生素等营养成分合理搭配，有效地补充人体营养。

二、大蒜、生姜加工技术

96. 一种提取大蒜油的方法

申请号：200510053450　　公告号：100341425　　申请日：2005年3月10日

申请人：中国农业大学

联系地址：(100094)北京市海淀区圆明园西路2号

发明人：倪元颖、李景明、刘冬文、孙亚青、王国义、陈晓明、李丽梅、曲昆生

法律状态：授权

文摘：本发明公开了一种提取大蒜油的方法。该提取大蒜油的方法，包括以下步骤：①将大蒜原料粉碎匀浆；②在步骤①得到的浆液中加入氯化钠和水，使氯化钠的浓度为90～360克/升，大蒜原料的含量为300～700克/升；③以密度大于水且不溶于水的有机溶剂为萃取剂，对步骤②得到的混合物进行蒸馏萃取，得到的萃取物即为大蒜油。该方法成本低，步骤简单，溶剂使用量少，精油提取效率高。

97. 蒜油及其生产工艺

申请号：02110679　　公告号：1139341　　申请日：2002年1月29日

申请人：吴同成、顾金根

联系地址：(200135)上海市浦东新区巨野路60弄1号602室

发明人：吴同成、顾金根

法律状态：授权

文摘：本发明是蒜油及其生产工艺。本发明的蒜油是无臭蒜油，其工艺是将大蒜捣碎成蒜泥，然后加入食用植物油中。其特征是：蒜泥按比例加入食用植物油中，经混合浸泡，加热提炼，真空脱水除臭，蒜油分离和过滤，所述的加热方法采用导热油加热法，加热温度101℃～110℃，加热时间≤15秒，经过如上工艺的真空脱水除臭，蒜油中既保持了大蒜天然的营养和抗菌作用，同时除掉了大蒜的臭味，成为烹调中品味极佳蒜油调料。

98. 一种大蒜油的提取方法

申请号：200810024407　　公开号：101243871　　申请日：2008年3月21日

申请人：南京工业大学

联系地址：(210009)江苏省南京市中山北路200号

发明人：熊晓辉、陆利霞、孙芸、张志年

法律状态：实审

文摘：本发明涉及一种大蒜油的生产方法及大蒜的综合利用，属于大蒜精加工及综合利用领域。本发明通过对大蒜进行机械破碎或机械破碎结合超声波的微粉碎，压榨取汁，采用溶剂萃取、膜处理去杂、浓缩生产大蒜精油；同时压榨后的大蒜渣直接冷冻干燥或通过酶转化、冷冻干燥制备食品级大蒜粉，从而实现大蒜的精加工、高附加值综合利用。

99. 联合制备大蒜精油与大蒜多糖的方法

申请号：200310117624　　公告号：1263394　　申请日：2003年12月30日

申请人：暨南大学

联系地址：(510632)广东省广州市天河区黄埔大道西601号

发明人：黄雪松、欧仕益、唐书泽、傅亮、汪勇

法律状态：因费用终止公告日：2011年3月30日

文摘：本发明公开了一种以鲜大蒜为原料联合制备大蒜精油与大蒜多糖的方法，属于天然产物的提取、分离和纯化领域。本发明通过浸泡、洗涤、打浆、酶解、装料、蒸馏、精油分离等步骤，取出油相为大蒜精油粗品，水相为大蒜多糖粗品，再精制得到大蒜精油产品和大蒜多糖产品。本发明利用同一批原料生产大蒜精油和大蒜多糖两种有价值的产品，充分利用了大蒜资源；降低了生产成本，减轻了生产单一产品时造成的环境污染，可使生产企业比单独生产大蒜精油或大蒜多糖的效益翻番。

100. 大蒜复合油及其制备方法

申请号：200710015418　　公开号：101040701　　申请日：2007年4月20日

申请人：山东大学

联系地址：(250061)山东省济南市历下区经十路73号

发明人：管从胜、杜爱玲、潘光民、翟国栋、王威强

法律状态：视撤公告日：2010年7月14日

文摘：本发明涉及一种利用鲜大蒜为主要原料的大蒜复合油及其制备方法，属于农产品深加工领域。大蒜复合油由大蒜油、葱油和洋葱油组成，各组分的质量分数为：大蒜50%～60%，葱25%～30%，洋葱15%～20%。所述大蒜复合油的制备方法是：将三种新鲜原料清洗后，分别进行切片或切段，按照比例配料，然后进行低温冷冻干燥和超临界二氧化碳萃取分离，萃取物进行低温沉降和离心分离得到大蒜复合油。将大蒜复合油采用短程分子蒸馏方法进一步分离为挥发性大蒜复合油和非挥发性大蒜复合油。本发明制备的大蒜复合油最大限度地保留了鲜大蒜、鲜葱和鲜洋葱等的有效活性成分，而且不存在二次污染，可以满足第三代调味品、保健品和药品等的要求。

101. 提取大蒜精油联产大蒜多糖大蒜粉的方法

申请号：200810016047　　公开号：101278723　　申请日：2008年5月14日

申请人：任宪君

联系地址：(272600)山东省济宁市梁山县杨营镇梁山科泰生物制品有限公司

发明人：任宪君、乔海涛

法律状态：视撤公告日：2011年5月11日

文摘：本发明为一种提取大蒜精油联产大蒜多糖大蒜粉的方法。用超临界二氧化碳通过萃取釜静态萃取和二级分离釜动态萃取提取大蒜精油后，继续从蒜渣中提取大蒜多糖，最后把蒜渣加工成大蒜粉。用该联合生产技术，一次投料、同时产出大蒜精油、大蒜多糖和大蒜粉3种产品，改变大蒜深加工中生产单一产品的现状，对原料综合利用，实现了大蒜高附加值生产；通过控制生产过程中的关键技术点，出品率高，原料利用几近100%，出油率达到0.5%～0.7%，回收原料中98%的大蒜多糖，利用全部蒜渣；而且生产过程不涉及有毒有害试剂，解决了目前生产中污染严重的问题，实现了无废料、废水排放的清洁化生产。

102. 无臭蒜精胶囊及其生产工艺

申请号：02110681　　公告号：1186049　　申请日：2002年1月29日

申请人：吴同成、顾金根

联系地址：(200135)上海市浦东新区巨野路60弄1号602室

发明人：吴同成、顾金根

法律状态：授权

文摘：本发明为蒜精胶囊及其生产工艺，其技术方案是：采用无臭蒜油和辅料装入胶囊中，其特征在于：所述无臭蒜油用蒜泥按比份加入食用植物油中，经混合浸泡，加热提炼、真空脱水除臭、蒜油分离和过滤，所述的浸泡时间≥48小时，加热方法采用导热油加热法，加热温度101℃～110℃，加热时间≤15秒，真空脱水除臭的真空度为－0.09～0.10兆帕，辅料分为调节血压血糖型、抗疲劳型、改善胃肠功能型。调节血压血糖配料：芹菜粉、海带粉、南瓜粉、茯苓、维生素E；抗疲劳型配料：枸杞、桂圆、大枣、蜂蜜、韭菜籽粉；改善胃肠功能型配料：马齿苋、金银花、维生素，本发明工艺获得的产品，对大蒜真空脱水除臭效果十分显著，同时针对人体状况配以各类配料，因此构成无臭的保健品。

103. 大蒜油软胶囊

申请号：200810057034　　公开号：101496573　　申请日：2008年1月29日

申请人：北京康必得药业有限公司

联系地址：(102600)北京市大兴区中关村科技园区生物医药产业基地永大西路37号

发明人：刘丽平、毛晶晶、张西辉

法律状态：实审

文摘：本发明是一种大蒜油软胶囊，属于食品技术领域。大蒜油软胶囊由药液和囊材两部分组成，其中药液的组成和质量配比为：大蒜油：薄荷醇：植物油：蜂蜡＝0.8～1.2：0.8～1.5：3～30：0.2～5；囊材的组成和质量配比为：明胶：甘油：纯化水：二氧化钛：色素：防腐剂＝0.9～1.2：0.3～0.5：0.8～1.2：0.002～0.007：0.003～0.006：0.001～0.004。该大蒜油软胶囊可以提高免疫力，杀菌排毒，预防感冒。

104. 大蒜制品

申请号：200310111030　　公告号：1234295　　申请日：2003年11月27日

申请人：王永明

联系地址：四川省成都市彭州隆丰经济园区

发明人：薛堂盛、王永明、颜昌轩、李长富、薛奕、薛炯、李炯

法律状态：因费用终止公告日：2010年1月27日

文摘：本发明提供了一种大蒜制品。本大蒜制品是将大蒜或大蒜和果蔬置于0℃～13℃温度、含氧量为1%～10%、二氧化碳含量<20%的环境中休眠至少24小时，在24或48小时内捣碎成片状或粒状后用粒度为≤45微米的可溶性微粉和/或不溶性微粉进行包裹，然后在≤45℃条件下干燥、粉碎，粒度≤75微米，制成粉剂或片剂大蒜制品或装入胶囊中制成胶囊大蒜制品。能避其大蒜臭味，大蒜辣素含量高，投资少、成本低，并且便于携带，易于吸收。

105. 保健方便蒜

申请号：200710007110　　公开号：101233922　　申请日：2007年1月29日

申请人：钟世杰

联系地址：(830017)新疆维吾尔自治区乌鲁木齐市水磨沟区西虹东路103号联通小区1号楼

发明人：钟世杰

法律状态：实审

文摘：本发明公开了一种保健方便蒜，是一种软胶囊制剂。其特点是：在胶囊内装有蒜油、食用植物油和营养强化剂，营养强化剂可以是维生素、钙或硒，或者是它们的结合，食用植物油可以是菜籽油、葵花油、豆油、红花油、核桃油、芝麻油、月见草油、葡萄籽油、玫瑰花油、沙棘油和熏衣草油中的一种或多种。其制作方法是：将上述各种原料混合，制成软胶囊。本发明相当于新鲜蒜，可以随意食用，并且营养丰富，不产生异味，具有抗病保健的功能，男女老少均可食用。

106. 大蒜除臭方法以及大蒜功能性食品

申请号：01107078　　公告号：1175755　　申请日：2001年1月22日

申请人：杨继新、张楚成

联系地址：(675600)云南省弥渡县文笔路32号大理州四方集团公司

发明人：杨继新、张楚成

法律状态：因费用终止公告日：2010年3月24日

文摘：本发明提供一种大蒜除臭方法。它将大蒜剥皮、清洗、晾干后，放入30℃～60℃、0.5％～10％乙醇溶液中浸泡5～6分钟；再用30℃～50℃、5％～35％醋酸溶液浸泡4～12小时；清洗、晾干，采用超临界二氧化碳气体进行萃取得大蒜油或大蒜素以及大蒜片、大蒜粉、大蒜粒等产品。具有抗菌、抗原虫、降血压、降血脂、抗肿瘤、提高人体免疫力等作用，且形式多样，携带、服用方便，食疗效果好，功效显著。

107. 一种大蒜的生物加工方法

申请号：200610086040　　公告号：100506078　　申请日：2006年7月20日

申请人：南京工业大学

联系地址：(210009)江苏省南京市中山北路200号

发明人：缪冶炼

法律状态：授权

文摘：本发明涉及一种大蒜的生物加工方法，尤其涉及一种无臭大蒜的生物加工方法。本发明的加工步骤为：清洗，浸泡，发酵，干燥。本发明主要是在一定温度、湿度条件下，激活大蒜的内在酶，通过大蒜内部的自然发酵，除去大蒜的臭味，改善大蒜的口味，同时提高大蒜的抗氧化性。利用动物实验证明发酵的无臭大蒜仍然具有重要的生理功能，这种大蒜新产品不仅将克服传统大蒜有臭味的特点，还能保存甚至强化天然大蒜的生理功能，使大蒜这一对人体健康有益的产品能为更广泛的人群所接受。

108. 脱臭大蒜

申请号：200610129432　　公开号：101185458　　申请日：2006年11月16日

申请人：天津市华泰森淼生物工程技术有限公司

联系地址：(300384)天津市南开区华苑产业区物华道8号B409

发明人：李勇、贾培起

法律状态：视撤公告日:2010年11月24日

文摘：本发明属于食品加工类。其过程是，精选大蒜，剥皮清洗沥干，真空封装，超高压处理，压力为300～1000兆帕，保持3～60分钟，即得到晶莹剔透的脱臭大蒜产品。该工艺是在室温下处理，不破坏大蒜含有的多种维生素、17种氨基酸及多种无机离子的微量元素，其最大的特点是除去了大蒜的蒜臭，产品形式新颖，臭味小，脆性高，使得人们容易接受，由一种普通食品变成附加值大的营养食品，为发展大蒜的种植、为增强人民体质、为出口创汇创造了良好条件。

109. 无臭蒜素保健品

申请号：01112673　　公开号：1381209　　申请日：2001年4月19日

申请人：周广彬

联系地址：(200126)上海市浦东新区昌里路89号四楼

发明人：周广彬

法律状态：视撤公告日:2004年12月22日

文摘：本发明公开了一种以无臭蒜素为基本原料的保健品。各组分质量配比为:中草药汁22%～26%，瓜果汁19%～21%，花卉粉18%～22%，草本植物液14%～16%，添加剂3%～7%，余量为无臭蒜粉。本发明无臭蒜素保健品具有无臭、无毒、无害、营养丰富、服用方便、降血压、降血脂和价格低廉等优点。

110. 一种大蒜素生产方法

申请号：02112269　　公告号：100502686　　申请日：2002年6月27日

申请人：肖长发

联系地址：(200040)上海市华山229弄11号

发明人：肖长发

法律状态：授权

文摘：本发明提供一种既能抑制大蒜素臭味，同时能使大蒜蒜氨酸和蒜酶充分反应，提高大蒜素的吸收率及产品质量，使大蒜素产品无三废的生产方法。采用二次消毒、粉碎、挤压、酶化等步骤，在液相中和在惰性气体的保护下进行反应，正确选择酶化、水解反应液体组合，合理选择反应时间与温度，用膜分离进行精滤，得到质量高、吸收率好、成本低的大蒜素产品。

111. 无臭无菌蒜素粉直接制取的生产工艺

申请号：200510052017　　公告号：1320863　　申请日：2005年3月2日

申请人：张宝玉

联系地址：(221011)江苏省徐州市贾汪区公园东村328号

发明人：张宝玉、张振东、王明芹、孙晋兰、张敬安、谢秀霞

法律状态：因费用终止公告日：2011年5月25日

文摘：本发明涉及一种无臭无菌蒜素粉的生产工艺，尤其是一种直接制取蒜素粉的生产工艺。该工艺包括生产设备及生产工艺两大部分；生产设备包括送料装置、热风装置、雾化装置、干燥装置、灭菌装置及除尘装置六大部分；其工艺是：选料→去皮→浸泡→漂洗→脱水→加二氧化碳灭菌→出成品→检测→真空包装→入库；该工艺设计合理，工艺成熟，可一次性生产出蒜素粉及蒜粉产品，其蒜素粉及蒜粉产量高、质量优、成本低，完全可以达到出口标准，是大蒜深加工十分可靠的生产新工艺，对农村脱贫致富有着极高的使用价值。

112. 一种提取大蒜素的方法

申请号：200510053981　　公告号：1328255　　申请日：2005年3月15日

申请人：中国农业大学

联系地址：(100094)北京市海淀区圆明园西路2号

发明人：孙君社、符晓静、苏东海、张京生

法律状态：授权

文摘：本发明公开了一种提取大蒜素的方法。本发明所提供的提取大蒜素的方法，包括以下步骤：①对大蒜原料进行前处理，得到大蒜浆液；②将步骤①中得到的大蒜浆液进行真空薄膜蒸馏，得到含有大蒜素的油水馏出物；③将步骤①中得到的油水馏出物进行漩流分离，得到大蒜素。本发明的提取方法工艺简单，成本较低；制备过程中使用的提取溶剂来源广，价

格低。本发明通过采用超微粉碎大蒜组织细胞、酶解大蒜素、真空薄膜蒸馏和漩流分离技术，提高了大蒜素的提取率，从而有效提高了产品质量，降低了成本，提高了产品附加值，不仅有着良好的社会效益，而且可以获取巨大的经济效益，具有广阔的工业应用前景。

113. 保鲜即食蒜的制备方法及其产品

申请号：200410021924　　公告号：1247117　　申请日：2004年2月24日

申请人：贵州鸿达保健品贸易有限公司

联系地址：(550002)贵州省贵阳市南厂路54号

发明人：周晓阳

法律状态：因费用终止公告日：2009年4月22日

文摘：本发明涉及一种保鲜即食蒜的制备方法及其产品。它由选料、脱水、选检、制粒、复水、包装工序组成，与现有技术不相同的地方在于：将得到的干燥蒜进行复水处理，使得到的产品犹如新鲜大蒜一样，与现有技术相比，本发明处理的大蒜产品除了能够保持较长的时间之外，去除了新鲜大蒜的臭味，保留了新鲜大蒜的口感、风味和香味，它没有破坏大蒜的有效营养成分，工艺简单，制法合理，产品完全保留新鲜大蒜的风味及食用方式，可以直接食用，克服了现有技术加工的蒜制品干瘪、无色泽、口感差等问题。

114. 聚合蒜粒的加工方法

申请号：200610017947　　公开号：1860919　　申请日：2006年6月13日

申请人：周晓宏

联系地址：(510000)广东省广州市东山区合群二马路11号602房

发明人：周晓宏

法律状态：驳回公告日：2010年8月4日

文摘：本发明涉及一种采取聚合制粒方法对蒜粉进行聚合处理制成蒜粒的技术。蒜粉经过原料检查，聚合辅料配制，进入制粒设备系统，聚合制粒，筛分，质检，成品包装等过程，制成具有高膨胀系数、流动性好、价值高的聚合蒜粒。

115. 活性冻干硒蒜粉的制备方法

申请号：200610126810　　公开号：101138406　　申请日：2006年9月5日

申请人：蒋新东

联系地址：(277700)山东省临沂市苍山县山东星发农业科技股份有限公司

发明人：蒋新东、赵月彬、马有杰

法律状态：视撤公告日:2010年7月14日

文摘：本发明公开了一种活性冻干硒蒜粉的制备方法，经原料的预处理、杀菌消毒、清洗、杀青、粉碎、脱水浓缩、装盘预冷、速冻、真空冷冻干燥等工艺步骤制备而成。本发明制备的活性冻干硒蒜粉，加工的全过程是在低温状态下进行的，所以硒蒜中的热敏活性物质没有被破坏，营养价值高，既服食方便，又便于包装运输。

116. 一种制作高品质蒜粉的方法

申请号：200610128496　　公开号：101194703　　申请日：2006年12月29日

申请人：河南农业大学

联系地址：(450002)河南省郑州市文化路95号

发明人：李瑜

法律状态：实审

文摘：本发明为一种制作高品质蒜粉的方法。其制作步骤是：①以新鲜大蒜为原料，经过切片、微波真空干燥或冷冻干燥、粉碎和过筛得高蒜素生成量的蒜粉；②以新鲜大蒜为原料，经过灭酶、粉碎、热风干燥或流化床干燥或真空干燥、粉碎和过筛得仅有蒜素的前体物质蒜氨酸的蒜粉；再分别取步骤①和步骤②中制得的蒜粉，按1∶0.1～10的质量比复配。采用这种方法制成的蒜粉不仅蒜素保留率达92%以上，而且在生产过程中还有能耗及生产成本低的优点。

117. 无臭健康蒜粉(片)不吸潮结块抗氧化变质的制备方法

申请号：200710048997　　公开号：101292733　　申请日：2007年4月29日

申请人：金绍黑

联系地址：(610021)四川省成都市武侯区二环路南一段20号13栋2单元8号

发明人：金绍黑

法律状态：视撤公告日:2011年1月26日

文摘：本发明涉及一种无臭健康蒜粉(片)不吸潮结块抗氧化变质的制备方法。以新鲜大蒜为原料,经脱臭、干燥制得蒜粉(片),降温回软,喷涂可食性涂膜、低温干燥,即制得不吸潮结块抗氧化变质无臭健康蒜粉(片)。本方法生产的无臭健康蒜粉(片),保留了大蒜中一切有效成分及浓郁芳香,并且不吸潮、不结块、抗氧化变质,在口腔中不产生大蒜特有臭味,提高了大蒜的营养价值,且易于长期保存。

118. 一种富硒脱臭超微蒜粉的制备方法

申请号：200310112750　　公告号：1243484　　申请日：2003年12月22日

申请人：浙江海通食品集团股份有限公司、江南大学

联系地址：(315300)浙江省慈溪市海通路528号

发明人：孙金才、张慜、陈龙海、杜卫华、钟齐丰

法律状态：因费用终止公告日:2010年2月17日

文摘：本发明为一种富硒脱臭超微蒜粉的制备方法,属于农产品深加工领域,涉及功能性食品加工。其主要过程为:先将选取的大蒜头切片后进行恒温富硒溶液浸泡,产品硒含量达0.5～0.8微克/克,真空冷冻干燥达到含水量2%以下,产品中硒含量达3.6～5.8微克/克,再进行三段式粉碎,其中包括气流超微粉碎,使平均粒度在10微米以下,最后采用除氧包装,即得富硒活性脱臭大蒜粉产品。本发明对原料进行富硒处理,既克服了加工中产生自由基的问题,提高了加工品质,又赋予其新的功能成分;真空冷冻干燥可最大限度保存大蒜中生物活性成分的同时脱除蒜臭。三段粉碎避免了一次粉碎造成的升温过高,提高了活性成分的保存率,同时超微粉碎增加了植物细胞的破壁率,更易于人体消化吸收。

119. 具有保健功能的富硒大蒜提取物的制备方法

申请号：01136316　　公告号：1264423　　申请日：2001年10月9日

申请人：杨文婕

联系地址：(100080)北京市宣武区南纬路29号

发明人：杨文婕

法律状态：授权

文摘：本发明涉及一种具有保健功能和药用的富硒蒜类产品的制备方法。该方法包括以下步骤：①首先配制提取剂：配置1%～30%醋酸水溶液，或配置30%～70%乙醇水溶液。②按1克剥皮洗净的富硒大蒜球加1～15毫升步骤①的提取剂，放入鲜样搅拌器中，打成碎块，加0.1～0.4毫升提取剂，搅匀，打成蒜泥、迅速加入余下的0.9～14.9毫升提取剂。③将步骤②获得的提取剂蒜泥混合液体放入具塞瓶内，在室温下振荡提取0.5～3小时，室温放置，每天摇动几次，保持提取剂与大蒜泥充分混匀，进一步提取，制备出含硒提取液。该方法能较长期地保存富硒大蒜中的含硒化合物，制备的富硒大蒜产品保持了富硒大蒜高活性；特别是5%醋酸提取液具有显著降脂活性；还对不同癌细胞具有选择性抑制作用。

120. 大蒜保健食品及其制备方法

申请号：02155649　　公告号：1194631　　申请日：2002年12月13日

申请人：刘兆林

联系地址：(272113)山东省济宁市建设南路44号

发明人：刘兆林

法律状态：因费用终止公告日：2010年2月10日

文摘：本发明涉及一种大蒜保健食品及其制备方法。其质量配比为：大蒜7～9份，枸杞0.5～1份，甘草0.5～1份，食用醋3～6份。制备方法：①按上述质量配比选购原料；②将大蒜去皮，洗净，用40℃～50℃水漂洗；③选洁净无杂的甘草和枸杞，用食用醋煎煮30分钟，过滤，取滤液；④将洗净的大蒜浸泡于滤液中成混合体，即得本发明的大蒜保健食品。它纯天然、无毒副作用，长期服用能降血压、降血脂、降血糖，壮阳补虚，对防治气管炎、肺炎、肾炎、疼痛、生发、黑发有积极作用，是一种能提高免疫功能，强身固本的保健食品。

121. 一种大蒜保健品及其制备方法

申请号：200610015757　　公开号：101147567　　申请日：2006年

9月22日

申请人：天津中英纳米科技发展有限公司

联系地址：(300384)天津市南开区物华道2号华苑产业区海泰大厦火炬园A座4-42室

发明人：赵发

法律状态：视撤公告日:2010年6月9日

文摘：本发明为一种大蒜保健品，它的主要成分包括大蒜、淀粉和糊精，其质量比为750～900∶200～400∶280～400。其制备方法为：①取新鲜大蒜，去皮，清洗干净；②制成大蒜泥，加入碳酸钙和乳酸钙，在真空减压下干燥成大蒜粉；③配制淀粉浆；④放入糊精搅拌均匀，腌制；⑤将混合物放入干燥器中，加入碳酸钙和乳酸钙处理加工，在真空减压下干燥成颗粒状；⑥灭菌处理，封装，即为产品。其优越性在于：保留了大蒜的有效成分，消除了大蒜特殊的臭味，食用方便，便于人们接受；加入钙制剂，在增加了制品钙含量的基础上，使大蒜的营养成分易于吸收；且其制备方式简单、卫生，成品经灭菌处理，便于保存。

122. 大蒜保健液及其制备方法

申请号：02117067　　公告号：1160106　　申请日：2002年4月29日

申请人：刘桂华

联系地址：(300450)天津市塘沽区河滨里15幢1-401

发明人：刘桂华

法律状态：授权

文摘：本发明公开了一种大蒜保健液及其制备方法。它由大蒜和食用酒精构成，所述大蒜与食用酒精的含量质量比为1.5～4.5∶1。其制备方法是：将去皮、洗净的大蒜放入容器中制成泥状；将其榨汁、过滤、去渣，取净液；加入食用酒精；灌装后置于阴凉处4～6个月；按上述步骤进行第二次过滤、去渣，提取净液，后置于密封容器中再放置4～6个月即得大蒜保健液。本发明工艺简单、加工方便，饮用剂量小，效果突出，且适用人群广泛，尤其能极大地改善人体新陈代谢功能，抗衰老，促进人体血液循环，增强机体免疫力，使血管富有弹性，达到预防缺血症、心肌梗死、血管硬化、中风偏瘫和各种癌症等疾病的目的。

123. 含天然碘的醋大蒜制作方法

申请号：200710070627　　公开号：101120764　　申请日：2007年8月31日

申请人：浙江大学

联系地址：(310027)浙江省杭州市浙大路38号

发明人：翁焕新、翁经科

法律状态：授权

文摘：本发明公开了一种含天然碘的醋大蒜制作方法。方法包括如下步骤：①将含碘蒜头的根、叶切除，留1～2厘米长的假茎，保留蒜头最内1～2层鳞片，用清水洗净；②按鲜蒜头与食盐以10∶0.7～1的比例进行腌制，每天翻动1次，直至菜卤水能淹到全部蒜头，连续7～10天；③将腌好的咸蒜头捞出，沥干水分，晾晒至比原重减少30%～35%；④将晾晒后的半干咸蒜头装入坛中，装至坛子的3/4时，将糖醋液注入坛内，然后将坛密封即可。本发明制作的含天然碘的醋大蒜除了可以作为产地人们日常生活中一种常年有效的食物性补碘的自然来源，也可以作为生活在缺碘地区人们的一种食物性补碘来源。

124. 一种大蒜汁产品及其生产方法

申请号：200810160654　　公开号：101411450　　申请日：2008年11月20日

申请人：高艾英

联系地址：(271000)山东省泰安市泰山区虎山路19号

发明人：高艾英

法律状态：实审

文摘：本发明公开了一种大蒜汁产品及其生产方法。它通过对大蒜汁产品进行加工、配方、贮藏，解决了大蒜旺季出现的供过于求、不便运输、易造成产品积压、不耐存、效益低等问题，有效地实现了产销两旺，使经济效益成倍增长。

125. 大蒜复合汁及其制备方法

申请号：200510018782　　公告号：1313028　　申请日：2005年5月25日

申请人：徐福梅

联系地址：(430070)湖北省武汉市洪山区狮子山街西苑区3栋9门7号

发明人：徐福梅

法律状态：因费用终止公告日：2010年8月4日

文摘：本发明涉及一种大蒜复合汁及其制备方法。大蒜复合汁由大蒜、鸡肠、鸡内金粉、红糖、熟银杏粉、冰糖、红枣、陈皮、无花果、食盐及醋配成。制备方法是：将鸡肠、鸡内金，小火焙干，磨粉末炒熟，红枣去核，无花果去壳，鸡肠、鸡内金粉与红糖、熟银杏粉、冰糖混合，放置，红枣、陈皮克、葱白、无花果放入醋中，常温避光30天后滤去干物质，将上述制备物混合，加入食盐、大蒜，封口，放置60天得产品。本大蒜复合汁，味道香甜，携带方便。本大蒜复合汁配方合理，提高了蒜汁治疗腹泻的功效。

126. 一种蒜汁卤腐及其制备方法

申请号：01129136　　公开号：1350800　　申请日：2001年11月30日

申请人：陈天喜

联系地址：(652200)云南省石林县双龙街152号

发明人：陈天喜、李菊芬

法律状态：视撤公告日：2005年2月2日

文摘：本发明为一种蒜汁卤腐及其制备方法，属于保健食品的技术领域。本发明对传统食品进行改进，提供全新风味，具有良好的保健效果的蒜汁卤腐。其原料配比为：大蒜汁2～4份，植物油或者米酒28～32份，经发酵的豆腐块48～52份，食用盐7～8份，辣椒粉7～8份，食用白酒1.5～2.5份，八角粉0.5～1.5份。本发明将大蒜良好的保健功能与传统的卤腐有机地结合为一体，增添了卤腐的花色品种。同时，卤腐产品中由于添加了蒜汁，具有很强的杀菌作用，延长了产品保质期，方便保存和运输。

127. 油浸蒜蓉调料及其制作方法

申请号：200510200778　　公告号：100377669　　申请日：2005年12月8日

申请人：张强

联系地址：(121000)辽宁省锦州市凌河区白日南里12-6号

发明人：张强

法律状态：授权

文摘：本发明为一种油浸蒜蓉调料及其制作方法。其质量配比为：植物油 500 克，新鲜蒜颗粒 1 000 克，盐 140～190 克，糖 40～65 克，味精或鸡精 25～35 克。在制作过程中不可进水，先将植物油烧开后放凉，将新鲜蒜瓣去皮后制成颗粒，将制成的新鲜蒜颗粒迅速放入彻底放凉后的植物油中浸泡，新鲜蒜颗粒放入后暂不搅拌，植物油浸泡蒜颗粒 3 小时后，加入盐、糖、味精拌匀，再放置 2 小时后可包装。本发明具有味道鲜美、原汁原色、口感润滑、营养丰富等特点，既可在南北各种类别的菜肴中广泛使用，也可作小料使用。

128. 脱蒜味大蒜糖酱及其制作方法

申请号：03150368　　公开号：1568782　　申请日：2003 年 7 月 25 日

申请人：叶成

联系地址：(100005)北京市东城区苏州胡同 72 号 2-7

发明人：叶成

法律状态：视撤公告日：2006 年 10 月 4 日

文摘：本发明为一种脱蒜味大蒜糖酱，是由脱味大蒜为主要成分附以糖、酸、营养强化剂、抗氧化剂、香料制成的。其步骤为：去皮去内膜蒜瓣沸水浸泡 5 分钟杀酶→蒜瓣与适量糖、酸、营养强化剂、抗氧化剂混合→打浆过筛→均质脱气→香料混合→真空灌装→高温杀菌→得到无蒜味大蒜糖酱成品。所述制品在去除大蒜刺激性物质的基础上充分保持了生鲜大蒜所具有的营养保健成分。

129. 一种保健大蒜酱制品及其制备方法

申请号：200610015792　　公开号：101147573　　申请日：2006 年 9 月 22 日

申请人：天津中英纳米科技发展有限公司

联系地址：(300384)天津市南开区物华道 2 号华苑产业区海泰大厦火炬园 A 座 4-42 室

发明人：赵发

法律状态：视撤公告日：2010 年 6 月 9 日

文摘：本发明为一种保健大蒜酱制品。其原料为：大蒜、豆豉、盐、味精、糖、核苷酸及鸟苷酸，其中各成分的质量比为：5～9：0.5～2.5：0.4～0.9：0.3～0.6：0.3～0.7：0.05～0.2：0.05～0.2。其制备方法为：①将剥去内衣的大蒜脱除水分；②在食用醋中浸泡 1～2 天；③制成大蒜泥；④加入豆豉、盐、味精、糖、核苷酸及鸟苷酸，搅拌均匀；⑤将混合物封装，即成产品。其优越性在于：产品中加入核苷酸和鸟苷酸，使得大蒜中的营养成分更易溶解、易于人体充分吸收；浸泡条件合理，使得大蒜的臭味消除充分；长期存放不霉烂、不变味；食用方便；制备方法简单、产出率高。

130. 利用生物技术生产即食保鲜蒜泥的方法

申请号：200510044263　　公告号：1291660　　申请日：2005 年 8 月 18 日

申请人：薛致磊、王兰芝、吴建英

联系地址：(250013)山东省济南市历下区燕山小区办事处 502 室

发明人：王兰芝、薛致磊、吴建英、马美范、刘晔

法律状态：因费用终止公告日：2008 年 10 月 15 日

文摘：本发明为利用生物技术生产即食保鲜蒜泥的方法，属于生物技术领域，其步骤为：①预处理：将带皮大蒜用亚硫酸氢钠溶液浸泡；②热处理：将带皮大蒜经 75℃～80℃热水浸泡；③将经过热处理的大蒜冷却、去皮，用清水清洗；④将经水清洗后的大蒜与酶抑制剂和食品添加剂一并加入捣碎机捣碎，搅匀，酶抑制剂为 L-半胱氨酸，食品添加剂为亚硫酸氢钠和食盐；⑤将成品真空包装，在 4℃下冷藏。本发明在保质期内防止了蒜泥的绿变和褐变，同时也发挥了蒜酶的一定活性，具有设计合理、工艺先进、成本低廉、容易保存、食用方便的特点。

131. 蒜泥加工过程中发绿现象的控制方法及其产品

申请号：200710087595　　公开号：101019681　　申请日：2007 年 4 月 3 日

申请人：江苏省农业科学院

联系地址：(210014)江苏省南京市钟灵街 50 号

发明人：徐为民、诸永志、王道营、吴海虹

法律状态：实审

文摘：本发明涉及一种蒜泥加工过程中发绿现象的控制方法及其产

品,属于农产品加工技术领域。包括:原料处理,原料蒜头的剥瓣、去皮、清洗、烫漂等加工预处理,蒜泥制备、调配、包装、灭菌程序,其中选用的是没有经过冷藏的新鲜大蒜为原料,或冷藏大蒜在加工前经过 22℃～35℃的温度处理 15 天后作为原料;调配过程中在蒜泥中添加占蒜泥质量 0.16%的 L-半胱氨酸。本发明提供了一种高效、安全、低成本的蒜泥绿变控制技术,所得蒜泥产品颜色白,营养和风味保存良好,产品达到出口标准。

132. 复水蒜泥及其加工工艺

申请号:200710015581　　公告号:100553483　　申请日:2007 年 6 月 4 日

申请人:山东一品农产集团有限公司

联系地址:(250031)山东省济南市堤口路 135 号山东一品农产集团有限公司

发明人:罗世芝、韩春余、李学敏、李霞、苏钦东、苏骞、孟祥岭、曹梦辉

法律状态:授权

文摘:本发明公开了复水蒜泥及其加工工艺。其原料为:蒜泥、水、柠檬酸、冰醋酸、食盐、羧甲基纤维素钠;加工步骤:精选、去皮和切顶、清洗、切片、一次沥水、脱水、平衡水分、复水、二次沥水、破碎、调配以及灌装。本发明的复水蒜泥不但保留了大蒜的本身的营养价值,而且同时解决了大蒜变绿的特性,一年四季中都可生产;本工艺减少了大蒜的蒜臭味,同时具有一定的辣味和脆度,使更多的消费者接受;在冷藏条件下可保质 6 个月。

133. 蒜泥罐头及其加工工艺

申请号:200710015583　　公开号:101066113　　申请日:2007 年 6 月 4 日

申请人:山东一品农产集团有限公司

联系地址:(250031)山东省济南市堤口路 135 号山东一品农产集团有限公司

发明人:韩春余、罗世芝、李霞、李学敏、苏钦东、苏骞、孟祥岭、曹梦辉

法律状态:视撤公告日:2010 年 7 月 14 日

文摘:本发明公开了蒜泥罐头及其加工工艺。其原料为:蒜泥、水、柠檬酸、食盐、抗坏血酸钠;加工步骤:精选,去皮和切顶,清洗,烫漂,冷却和沥水,破碎,调配以及灌装封盖。本发明的蒜泥罐头保留了大蒜本身的营养价

值，解决了大蒜易变绿的特性，该加工方法制作的蒜泥蒜臭味较淡，可用于调味或直接使用等多种食用方法，能满足不同消费者的需要，而且该加工方法延长了大蒜的保存时间。

134. 一种多味蒜米罐头的加工方法

申请号：200710015584　　公开号：101066115　　申请日：2007年6月4日

申请人：山东一品农产集团有限公司

联系地址：(250031)山东省济南市堤口路135号山东一品农产集团有限公司

发明人：韩春余、罗世芝、李霞、李学敏、苏钦东、苏骞、孟祥岭、曹梦辉

法律状态：视撤公告日：2010年7月21日

文摘：本发明公开了一种多味蒜米罐头的加工方法。其加工步骤为：精选，烫漂，第一次盐渍，去皮和切顶，第二次盐渍，脱盐，挑选，清洗，沥水，装瓶，灌装封盖。本发明的多味蒜米罐头的加工方法不但保留了大蒜本身的营养价值，而且解决了大蒜变绿的特性，一年内不同季节都可生产；利用该方法制作的产品不仅脆度好，而且无蒜臭味，口味多样适合更多的消费者需要；该加工方法延长了大蒜的保存时间。

135. 食疗蜜蒜及其制作方法

申请号：200710192589　　公开号：101238883　　申请日：2007年12月9日

申请人：宁远平

联系地址：(415001)湖南省澧县澧阳镇珍珠澧阳桥巷78号

发明人：宁远平

法律状态：实审

文摘：本发明公开了一种食疗蜜蒜及其制作方法，属保健食品领域。本发明所述食疗蜜蒜原料由主料和辅料组成，主料的质量配比为：大蒜50～60份；辅料的质量配比为：胡萝卜5～10份，蜂蜜1～5份，白砂糖15～20份，食醋15～25份。经备料、配制辅料汤汁、制主料、封闭浸泡和包装而成。本发明在制作过程中对主料和辅料均不加热蒸煮，也不添加任何添加剂，只将大蒜瓣和辅料混合，在容器中封闭浸泡40～50天，即为成品。本发明蜜蒜鲜脆、清香、酸甜可口，可作餐桌上的美味小菜，也可作食疗食物，长

期食用，对人体有较好的保健作用，且无毒副作用。

136. 一种调味大蒜的制备方法

申请号：200810059664　　公开号：101228952　　申请日：2008年1月31日

申请人：宁波嘉谊食品有限公司

联系地址：(315194)浙江省宁波市鄞州区钟公庙街道陈婆渡

发明人：张振浙

法律状态：授权

文摘：本发明涉及一种调味大蒜的制备方法。其步骤包括：以盐渍蒜米为原料→杀菌→清洗→脱盐→调料配合→熟成→调料配合→真空包装→杀菌→冷却；其特征在于：在杀菌步骤前增加了一道脱臭步骤，所述脱臭步骤为将盐渍蒜米置于83℃～90℃的水中漂烫4～6分钟。该方法无须采用新鲜大蒜原料，成本降低，突破传统脱臭技术只针对新鲜原料的瓶颈，消除了大蒜的特殊臭味而且很好地保持了其本身的风味、形状、色泽和口感，能较大程度地保存大蒜中的营养物质。

137. 蒜 头 酱

申请号：200810099369　　公开号：101283779　　申请日：2008年5月6日

申请人：洪庆佃

联系地址：(350512)福建省连江县坑园镇凤新路107号

发明人：洪庆佃

法律状态：实审

文摘：本发明涉及一种蒜头酱。本发明的原料为：酱油200克、醋200克、糖105克、盐0.3克、生姜0.7克、蒜头100克、水150克、味精10克；将上述原料中的生姜、蒜头洗净切碎后，与其他原料混合均匀，放置3～15天即可。本发明蒜头酱制作工艺简单方便，口味独特，酸甜适中，是一种美味的佐餐食品，可提高人们对蒜头的食用量，使这一有益人体健康的食品更广泛地被人们接受。

138. 姜糖片的生产方法

申请号：200610080464　　公开号：1843188　　申请日：2006年5

月17日

申请人：张其录

联系地址：(262102)山东省安丘市白芬子镇赶牛路村

发明人：张其录

法律状态：视撤公告日:2009年12月2日

文摘：本发明涉及一种食品的生产工艺，尤其是姜糖片的生产方法。把姜片先放在水中煮过，再用糖腌渍24～48小时，最后把姜片连同腌渍产生的糖浆一起放进真空锅中，一边加热一边抽真空，使其中的大部分水分蒸发，最后得到姜糖片。这种方法生产周期大为缩短，同时由于经过高温灭菌、真空脱水，在改善产品的色泽和口感的同时还可以延长保质期。

139. 姜泥罐头及其加工工艺

申请号：200710015582　　公开号：101066112　　申请日：2007年6月4日

申请人：山东一品农产集团有限公司

联系地址：(250031)山东省济南市堤口路135号山东一品农产集团有限公司

发明人：罗世芝、韩春余、李学敏、李霞、苏钦东、苏骞、孟祥岭、曹梦辉

法律状态：视撤公告日:2010年7月14日

文摘：本发明公开了姜泥罐头及其加工工艺。该姜泥罐头原料为:姜泥、水、淀粉、柠檬酸、食盐、抗坏血酸钠。加工步骤:精选，去皮，清洗，沥水，破碎，调配，灌装封盖。本发明的姜泥罐头不但保留了生姜自身的营养价值，而且同时解决了生姜常温不易长期保存的特点，此产品常温可保存15个月，一年四季都可生产;本工艺解决了生姜易脱色的特性，同时保持了生姜的姜香味和辣味，使更多的消费者接受。

140. 护心健胃保健姜及制备方法

申请号：200810154373　　公开号：101496597　　申请日：2008年12月24日

申请人：王福起

联系地址：(300451)天津市塘沽区杭州道毓园1栋1门301

发明人：王福起

法律状态：公开

文摘：本发明涉及一种护心健胃保健姜及制备方法。本发明将鲜姜添加了三七、丹参、山楂、葛根、银杏叶、刺五加、紫菜、葡萄籽提取物，充分发挥了姜及三七、丹参、山楂、葛根、银杏叶、刺五加、紫菜、葡萄籽对心及胃的保健作用。它食用方便，口感好，其营养保健效果远远大于现有的姜制品，利用本发明技术可以开发适合于中老年、儿童、学生等专用的护心健胃保健姜及制品。

141. 生姜果冻及其制作方法

申请号：200610147524　　公开号：101204207　　申请日：2006年12月20日

申请人：上海林静医疗器械有限公司

联系地址：(201600)上海市松江区玉佳路37号

发明人：曹永华

法律状态：撤回公告日：2009年2月25日

文摘：本发明涉及一种生姜果冻，属于保健食品及其制造工艺。现有的果冻只有摄入能量的功能，没有保健功能。本发明的技术方案为：通过将生姜在低温条件下（通常为60℃以下）榨汁、过滤和浓缩，并将该浓缩物加入果冻中，并搅拌在一起以形成果冻产品，使果冻具备杀灭口腔以及消化道幽门螺旋杆菌的功能。

142. 生姜饼干及其制作方法

申请号：200610147525　　公开号：101204172　　申请日：2006年12月20日

申请人：上海林静医疗器械有限公司

联系地址：(201600)上海市松江区玉佳路37号

发明人：曹永华

法律状态：撤回公告日：2009年2月25日

文摘：本发明涉及一种生姜饼干，属于保健食品及其制造工艺。现有的饼干只有摄入能量的功能，没有保健功能。本发明的技术方案为：通过将生姜在低温条件下（通常为60℃以下）榨汁、过滤和浓缩，并将该浓缩物加入面粉、作料等填料中，并搅拌在一起以形成饼干产品，使饼干具备杀灭口腔以及消化道幽门螺旋杆菌的功能。

143. 一种超微生姜粉及其生产方法

申请号：200810116349　　**公开号：**101327016　　**申请日：**2008年7月9日

申请人：清华大学

联系地址：(100084)北京市100084-82信箱

发明人：盖国胜、赵晓燕、杨玉芬、蔡振华

法律状态：实审

文摘：本发明公开了一种超微生姜粉加工方法，超微生姜粉是指粒度大小为700～2000目的生姜粉。其生产方法包括原料的精选、切片、干燥、粗粉碎和超微粉碎、灭菌、包装等步骤。本发明改变了对生姜的传统粉碎加工技术，将粗粉碎的生姜粗颗粒注入气流超微粉碎机中采用压力或冲力制成超微粉。它解决了生姜传统粉碎过程中资源浪费、溶解性差的问题，生姜经过超微粉碎，其有效成分释放速度快、释放量大、分散均匀，使用方法简便、快捷等优点，适合在食品、饲料、化妆、保健等行业中推广应用。

144. 油煮姜粒调料及其制作方法

申请号：200610200864　　**公告号：**100527994　　**申请日：**2006年9月13日

申请人：张强

联系地址：(272133)山东省山东省济宁市太白东路齐鑫花园四栋三单元106室

发明人：张强

法律状态：授权

文摘：本发明为一种油煮姜粒调料及其制作方法。各组分(按质量分数计)配比为：姜粒55%～85%，植物油10%～30%，盐1%～8%，糖1%～3%，调味品1.0%～5%。本发明以姜、植物油为主料，使用植物油煮姜粒，至姜粒呈干爽、金黄颗粒状，可以去除姜粒表面的水分，并在姜粒表面形成一层封闭硬壳，有效避免姜汁流失，防止姜汁暴露在空气中发生氧化，将姜粒保存在晾凉的植物油中加入调味料拌匀，更加易于长期保存，增加姜粒口感及鲜香味。本发明丰富了调味品市场，增加了市场上姜制品的种类及品种，其食用、贮存更加方便，制作方法简单，便于开发生产，利于推广。可用于火锅等菜肴调料和厨房做菜用料。

145. 姜味调料及其制作方法

申请号：200410000719　　公告号：1258334　　申请日：2004年1月16日

申请人：张强

联系地址：(100055)北京市宣武区广外大街205号荣丰2008国际公寓7号楼2720室

发明人：张强

法律状态：授权

文摘：本发明为一种姜味调料及其制作方法。以去皮后的鲜姜500克为主料，葱50～100克，盐75～100克，糖30～45克，蜂蜜1～100克，油用量至少要浸没固体料，鸡精或味精10～20克。其制作方法：先将鲜生姜去皮后，切成细小颗粒；将鲜葱切丝后切成细小颗粒；将鲜姜颗粒按配方比例放入盐、鸡精或味精、糖后拌匀成姜料，装浅容器内；油用中火烧开，放温后浇入已配好的姜料中，油量没过姜料；按配方比例加入葱、蜂蜜，充分搅拌后出料。解决现有调料不能保持鲜姜的原味、口感、颜色和观感效果的问题，并解决现有调味品口味单调，色、香、味不佳的问题。本发明适宜：火锅用调料，厨房炒、溜等用调料，凉菜用调料，家庭用调料。

146. 一种鲜姜提取物的制备方法及应用

申请号：02135254　　公告号：1169572　　申请日：2002年7月12日

申请人：山东大学

联系地址：(250012)山东省济南市文化西路44号

发明人：程秀民、曹桂莲

法律状态：授权

文摘：本发明为一种鲜姜提取物的制备方法及应用，属于从天然药用植物中提取有效物质的方法，具体涉及液—固萃取技术制备鲜姜提取物的方法及应用。其制备方法：将鲜姜榨汁，在每千克鲜姜汁中加入固体试剂10～80克，组成以鲜姜汁为液相、以固体试剂为固相的液—固萃取体系，在10℃～80℃对鲜姜汁进行萃取2～20小时，沉淀，分离沉淀物，干燥，即可获得具有鲜姜天然活性和天然风味的鲜姜提取物(挥发油和姜辣素混合物)。所用固相试剂为淀粉、糊精、纤维素、聚乙烯吡咯烷酮、微粉硅胶、聚丙烯酸树脂。本发明方法便捷,工艺和设备简单,同时完成了鲜姜复杂活性成分的提取。

147. 鲜生姜提取物保健食品及其新用途

申请号:03117301　　公告号:1225199　　申请日:2003年2月12日

申请人:张荣平

联系地址:(650031)云南省昆明市人民西路191号111信箱

发明人:张荣平、张晓冬

法律状态:因费用终止公告日:2008年4月16日

文摘:本发明是一种鲜生姜提取物保健食品及其新用途。其特征在于将鲜生姜粉碎成粗粒,加蒸馏水回流提取3次得提取物,提取物经醇沉淀后浓缩至干;所得药膏与适量生姜细粉混匀至不黏,95%乙醇制粒,60℃~70℃干燥;放冷后的颗粒加0.05%~0.1%的硬脂酸镁,压制成各种片剂或者直接装入胶囊中成胶囊制剂。本发明的鲜生姜提取物保健食品具有调节血脂和降低血脂的作用,对预防高血脂、降低动脉粥样硬化,降低冠心病的发病率均有较好的作用。

148. 无硫糖姜片的加工技术

申请号:200410075034　　公告号:100417337　　申请日:2004年8月24日

申请人:莫开菊、汪兴平

联系地址:(445000)湖北省恩施市三孔桥路29号

发明人:莫开菊

法律状态:授权

文摘:本发明是按有机食品生产要求,采用"原料选择→清洗→切片→清洗→姜片护色→漂洗→第一次糖煮→冷却糖渍4~8小时→重复糖煮冷浸操作三次→第四次煮制到终点→烘干"工序,研究出了一种用乙二胺四乙酸二钠(Na_2EDTA)、柠檬酸、氯化钙按一定比例处理的姜护色技术及无硫糖姜片(或称姜糖或称姜糖片)的加工关键工艺(姜片切成1~2毫米厚的薄片、煮制-冷浸交替渗糖等),可获得色泽黄亮的无硫糖姜片。

149. 一种生姜乳膏的制备方法

申请号：200410040311　　公告号：100386034　　申请日：2004年7月23日

申请人：唐春红

联系地址：(400067)重庆市南岸区学府大道58号

发明人：唐春红、郑旭煦、邵承斌、王崇均

法律状态：授权

文摘：本发明公开了一种生姜乳膏的制备方法。它是以生姜为原料，精选、清洗、晒干后切成姜片，然后干燥、切粒，再进行有机溶液浸提，过滤后得浸提液和姜粒，浸提液浓缩制得浓溶液①，姜粒打浆后过滤，滤液再离心分离得上清液Ⅰ和淀粉②，上清液Ⅰ加入絮凝剂，得胶体层③和上清液Ⅱ，上清液Ⅱ浓缩得浓溶液④，浓溶液④与浓溶液①、淀粉②、胶体层③合并，加入β-环状糊精，研磨制得生姜乳膏。本发明的生产工艺简单，所需设备相对较少，且无三废产生，属环保型；生产出来的生姜乳膏保留了生姜中除纤维素以外的其他所有有效成分，生姜利用率高，它既可作一般的调味品用，也可用于保健食品的开发。

150. 生姜天然抗氧化剂的生产方法

申请号：200610042238　　公开号：1806701　　申请日：2006年2月8日

申请人：王美岭

联系地址：(250010)山东省济南市历城区山大南路18-1号3单元402室

发明人：王美岭

法律状态：视撤公告日：2008年3月19日

文摘：本发明为一种生姜天然抗氧化剂的生产方法，属食品添加剂范围，主要解决生姜中抗氧化成分的提取问题。步骤是：①将生姜干燥后粉碎至60～100目，加入到提取罐中；②向提取罐中再加入2～8倍的乙醇和柠檬酸组成的复合提取剂，进行回流提取1～3小时，然后离心过滤；③滤液再加入5%活性炭加热、脱色；再次离心过滤；④滤液进行超滤，去除杂质，纯化生姜天然抗氧化剂；⑤超滤后滤液进入蒸馏釜，将乙醇和水蒸出，剩余物为生姜天然抗氧化剂。用本发明方法生产的天然抗氧化剂应用于食用植物油抗氧化效果比BHT(2,6-二叔丁基羟基甲苯)提高4～7倍，而且安全无毒。可用于食品、植物油等产品中。

151. 一种生姜提取物的油剂萃取方法

申请号：200610044066　　公告号：100569275　　申请日：2006年5月11日

申请人：马廷维

联系地址：(271100)山东省莱芜市长勺北路286号莱芜市专利产品技术推广服务中心

发明人：亓振翠、徐希玉、段崇涛、乔蓬勃、曹洪武、马廷维

法律状态：授权

文摘：本发明公开了一种生姜提取物的油剂萃取方法。它包括以下步骤：①破碎；②制得生姜汁；③制得姜淀粉和脱淀粉姜汁；④萃取；⑤分离姜油和姜辣素，通过以上步骤提取姜淀粉、姜油、姜辣素、氨基酸、微量元素等。该方法可一次提取多种有效成分，使姜的有效成分得到充分的综合利用；与超临界二氧化碳萃取法相比，不仅能同时提取姜油和姜辣素，而且设备简单、投资少、操作方便、生产成本低，同时还能提取出氨基酸与维生素、微量元素及姜淀粉，从而使生产成本大幅度降低。

152. 一种姜汁蜂蜜及其制作方法

申请号：200510122288　　公开号：1981600　　申请日：2005年12月12日

申请人：天津中英纳米科技发展有限公司

联系地址：(300384)天津市南开区物华道2号华苑产业区海泰大厦火炬园A座4-42室

发明人：赵发

法律状态：视撤公告日：2009年8月19日

文摘：本发明为一种姜汁蜂蜜，其特征在于它的主要成分是由生姜、蜂蜜所构成，配比为生姜∶蜂蜜为3～4∶1～2。它的制作步骤为：①选取精质量生姜，榨出姜汁；②将生姜汁与蜂蜜按比例一起混合并充分搅拌；③将混合汁进行高温灭菌处理；④灭菌处理后，冷却即可饮用。本发明的优越性在于：本品是纯天然饮品，对于预防流行性感冒具有奇特疗效。姜汁蜂蜜将姜汁的温中散寒、止呃止呕特点与蜂蜜的益气补中、止痛解毒的优点合理科学地结合在一起。不但仍然保留各自优势，而且还有相互弥补不足的特点。

本品如果早、晚各1次，长时间坚持使用还可以起到美容的功效，对于治疗慢性胃炎也有一定的辅助作用。

153. 蜜制姜片及其生产方法

申请号：200510122398　　公开号：1981616　　申请日：2005年12月16日

申请人：天津中英纳米科技发展有限公司

联系地址：(300122)天津市红桥区西青道金兴科技大厦1201

发明人：赵发

法律状态：视撤公告日：2009年8月19日

文摘：本发明为一种蜜制姜片，由姜片、蜂蜜和白糖制成。其生产方法是：将精选姜片放入50℃左右的水中，浸泡约1个半小时，然后再放入80℃左右的水中浸泡约20分钟，最后放入常温水中凉透；再把已经凉透的姜片放入蜂蜜和白糖混合液中浸泡约1小时；最后将浸泡后的姜片烘烤12小时即可。用上述方法制成的蜜制姜片，不仅香甜可口、食用方便，而且具有祛寒健胃的功效。

154. 一种发酵生姜及其制作方法和应用

申请号：200810105946　　公开号：101273783　　申请日：2008年5月6日

申请人：清华大学

联系地址：(100084)北京市100084-82信箱

发明人：盖国胜、赵晓燕、敖强

法律状态：实审

文摘：本发明公开了一种发酵生姜及其制作方法。它是以生姜为原料，经过清洗、切片或切块、干燥、灭菌，然后将益生菌发酵液接入生姜原料中，在28℃～39℃条件下内保温发酵而成。所用的益生菌是指乳酸菌、霉菌或芽孢杆菌，它们可产生纤维素酶、淀粉酶、蛋白酶等，降解生姜中的纤维素、淀粉、蛋白质及其他大分子物质。本发明采用益生菌作为发酵菌剂，由于益生菌的存在使得加工过程中杂菌生长受到抑制，提高了生姜的贮存期和安全性，改善了生姜的风味，强化了生姜的营养，提高了生姜的生物活性与保健性，提高了生姜的利用率。它既可作为一般的调味品应用，也可作为系列保健食品的开发。该产品制作过程简单，结果稳定，适合工业化生产。

三、香椿、榨菜、野菜加工技术

155. 一种麻辣香椿及其制作方法

申请号：200610044335　　公开号：101081069　　申请日：2006年5月30日

申请人：荆献芝

联系地址：(256400)山东省淄博市桓台县起凤镇鱼一村

发明人：荆献芝

法律状态：视撤公告日：2010年4月7日

文摘：本发明涉及一种麻辣香椿及其制作方法。该麻辣香椿以春天第一茬香椿芽为主料，以辣椒、花椒、葱、姜、蒜、食盐、味精、鸡精、香油为配料，经过清洗、腌制、晾晒、熟制、精加工、包装等过程加工而成。该香椿口感纯正，鲜嫩可口，营养丰富。

156. 一种香椿风味酱及其制作方法

申请号：200710017255　　公开号：101015334　　申请日：2007年1月19日

申请人：西北农林科技大学

联系地址：(712100)陕西省咸阳市杨凌示范区部城路3号

发明人：张京芳、王冬梅、杨途熙、徐雨

法律状态：视撤公告日：2010年7月14日

文摘：本发明公开了一种香椿风味酱及其制作方法，制得的香椿风味酱含有香椿叶提取物等原料，制得的成品外观呈均匀半流体状。其制作方法包括香椿叶的挑选、清洗、碱液浸泡、烫漂、切分等工序后，加入一定浓度的乙醇水溶液，加热浸提，过滤，减压浓缩，得香椿叶提取物。向提取物中加入食盐、香油、菜油、味精、柠檬酸、抗坏血酸、稳定剂等辅料进行调配，经均质、装罐、杀菌、冷却，即得香椿风味酱。本发明的风味酱含盐、含油量低，口感细腻，质地均匀，香味浓郁，安全营养保健，有良好的市场前景。

157. 一种从香椿老叶中提取抗氧化活性物质的方法

申请号：200710058385　　公开号：101099768　　申请日：2007年7月25日

申请人：天津科技大学

联系地址：(300457)天津市经济技术开发区第十三大街29号

发明人：王昌禄、江慎华、陈志强、陈勉华、王玉荣、刘常金、周庆礼、夏廉法

法律状态：实审

文摘：本发明涉及一种从香椿老叶中提取抗氧化活性物质的方法，是采用乙醇提取、大孔吸附树脂AB-8纯化、洗脱液浓缩、干燥，最终得到具有强抗氧化活性的提取物，属于天然产物提取领域。本发明采用香椿产业的副产品——香椿老叶为原料制备强抗氧化的活性物质，变废为宝，是一种绿色产业；且工艺较为简单，无须较大设备投资，非常适合于大规模产业化生产，为进一步开发系列香椿功能性食品奠定了基础。所制备的香椿抗氧化活性物质产品适用于食品抗氧化剂、功能性食品和医药、化妆品等行业，提取物残渣经加工后可作为饲料、肥料，实现综合利用。

158. 一种红榨菜

申请号：02128045　　公告号：1235503　　申请日：2002年12月14日

申请人：章传华

联系地址：(400016)重庆市渝中区袁家岗新医村35号

发明人：章传华

法律状态：授权

文摘：本发明为一种红榨菜及其腌制工艺。本发明以甜菜中的根用红甜菜变种为主原料，采用以下工艺：①清洗、风干脱水；②加盐4%～6%混匀后装入发酵罐内密封；③滚动、摇动发酵罐或罐内搅拌，使菜块滚动，进行腌渍和发酵后熟，时间5～8周；④取出菜块，切丝、加香料、灭菌、包装。本发明的优点是：选用的原料营养成分高，含水量少，含糖量少，质地细嫩，制作工艺中通过发酵罐将菜块腌渍和发酵后熟集合在一步完成，既大大降低了所需盐分，又保证了营养不流失，口味鲜香脆嫩，还简化了工艺流程，避免污染环境。

159. 一种方便榨菜生产工艺

申请号：03108149　　**公告号**：1259856　　**申请日**：2003年3月22日

申请人：周德明

联系地址：(314406)浙江省海宁市斜桥镇镇郊村红星组67号

发明人：周德明

法律状态：因费用终止公告日：2010年9月1日

文摘：本发明为一种新型方便榨菜生产工艺。本发明针对现行的复合薄膜真空封装，在榨菜生产中为克服涨袋而添加甚至过量添加食品防腐剂的问题，创新提出了对榨菜丝(片)进行瞬间油炸处理及原料和调味料分袋包装的关键技术，彻底消除了潜在的胖袋危害因子。在不添加食品防腐剂的情况下，可确保制品在保质期内不发生涨袋现象及品质指标完全符合国家生产标准，为我国方便榨菜生产实施HACCP计划及开发绿色食品级方便榨菜提供了技术基础，具有重大的经济效益和社会效益。

160. 中盐无防腐剂榨菜的生产工艺

申请号：03117476　　**公告号**：1231142　　**申请日**：2003年3月15日

申请人：重庆市涪陵榨菜(集团)有限公司

联系地址：(408000)重庆市涪陵区体育南路29号

发明人：向瑞玺、赵平、沈哲、方明强、谢晔

法律状态：因费用终止公告日：2007年5月16日

文摘：本发明涉及榨菜的生产工艺，特别是一种中盐无防腐剂榨菜的生产工艺。是将经食盐腌制后的榨菜清洗、切分后，脱盐、脱水，经配料拌料后真空装封，将装封后的榨菜经热水杀菌得成品榨菜。在清洗和脱盐工序中的清洗和脱盐用水，以及在配料拌料工序前的香辅料均经过杀菌处理，降低了热水杀菌工序中的杀菌强度，从而降低了榨菜的包装成本，同时也保持了榨菜脆嫩的口感，提升了榨菜的品质。

161. 榨菜低盐生物发酵技术

申请号：200510073607　　**公开号**：1864539　　**申请日**：2005年5月17日

申请人：重庆市涪陵辣妹子集团有限公司

联系地址：(408000)重庆市涪陵区珍溪镇临江路86号

发明人：万绍碧、周泽林

法律状态：视撤公告日：2009年9月23日

文摘：本发明涉及榨菜原料的生产加工，用以解决榨菜原料在低盐条件下生产的技术难题。技术要点：①菌种的制备：利用榨菜微生物最适生长培养基，筛选出所需菌种，再制成一级菌种、二级菌种、生产菌种，运用接种发酵技术进行生产。②复水菜坯的杀菌：复水菜坯中存在大量的微生物，利用臭氧发生器对菜坯进行处理，可以达到很好的杀菌效果。低盐生物发酵技术主要用于解决传统榨菜在低盐条件下生产的技术难题，解决传统榨菜生产劳动强度大、生产效率低、能源消耗高、环境污染大等现实问题。

162. 一种榨菜腌制工艺

申请号：03117733　　公告号：1317976　　申请日：2003年4月21日

申请人：章传华

联系地址：(400016)重庆市渝中区袁家岗重医大一院宿舍

发明人：章传华

法律状态：授权

文摘：本发明为一种榨菜腌制工艺，采用以下工艺：①清洗、风干脱水；②加盐3%～5%混匀后装入发酵罐内密封；③滚动、摇动发酵罐或罐内搅拌，使菜块滚动，进行腌渍和发酵后熟，时间5～8周；④取出菜块，切丝、加香料、灭菌、包装。本发明的优点是：通过发酵罐将菜块腌渍和发酵后熟集合在一步完成，既大大降低了所需盐分，又保证了营养不流失，口味鲜香脆嫩，还简化了工艺流程，避免污染环境。

163. 含天然碘榨菜的腌制方法

申请号：200710070932　　公开号：101107985　　申请日：2007年8月21日

申请人：浙江大学

联系地址：(310027)浙江省杭州市浙大路38号

发明人：翁焕新、翁经科

法律状态：授权

文摘：本发明公开了一种含天然碘的榨菜的腌制加工方法。包括如下步骤：①选用组织细嫩、皮薄、粗纤维少，突起物圆钝，凹沟浅而小且呈圆形或椭圆形的含碘新鲜榨菜；②将剥皮、切块的青菜头用竹丝按大小分别穿串，在通风、宽敞处晾晒，成为达到脱水要求的干菜块；③将干菜块在菜池中进行盐腌，干菜块的腌制分两次完成；④对经过两次腌制上囤的毛熟菜块进行修剪，并抽去老筋，上囤囤压24～25小时，沥干水，添加食盐、辣椒末、整粒花椒和混合香料，充分拌匀后装坛。本发明腌制成的含天然碘的榨菜酱菜，不添加任何化学成分和人工色素，可以作为人们日常生活中一种常年的食物性补碘的自然来源。

164. 一种榨菜香酱

申请号：200710078290　　公告号：100553485　　申请日：2007年3月15日

申请人：李庆英、夏光能

联系地址：(408114)重庆市涪陵区新妙镇新兴街64号

发明人：李庆英、夏光能

法律状态：授权

文摘：本发明涉及一种食品，特别是一种以鲜榨菜头为原料制备而成的食品。是将鲜榨菜头与食盐、辣椒粉、老姜、花椒、大蒜混合粉碎后，密封闭光存放，经脱水后，将所得菜盐水加入茴香粉、八角粉、胡椒粉、花椒粉、甘蔗水、白糖，加热烧沸制成香料水，将香料水加入经脱水后的菜酱及老姜末后，与花生粉、芝麻、芝麻粉、辣椒粉、味精混合而成。该榨菜香酱在制作中未使用调色剂和防腐剂，也不会产生废弃盐水对环境造成污染，故不会对人体健康造成损害，其色泽鲜亮，鲜香爽口，回味悠长，常温密封避光能长期保存，既可作凉拌调料、炒菜佐料、面食调味品，也可直接拌饭食用。

165. 一种山野菜加工方法及制品

申请号：03141934　　公告号：1254198　　申请日：2003年7月30日

申请人：侯杰

联系地址：(201203)上海市浦东张江高科技园区春晓路439号9楼

发明人：李钟泰

法律状态：因费用终止公告日：2009年9月30日

文摘：本发明涉及一种蔬菜的加工方法及制品，其加工步骤为：将山野菜放入5%～15%的盐水中浸泡3～20天，隔2～4天换1次盐水，可去除山野菜苦味。将去除苦味的山野菜放入海鲜酱调料在0℃～18℃条件下催熟3～60天，可去除山野菜异味。主要用于将苦碟子、苦荬菜、山莴苣制作成多种口味的健康食品。

166. 一种风味野菜腌制品及其制备方法

申请号：200610015982　　公开号：101152001　　申请日：2006年9月26日

申请人：天津中英纳米科技发展有限公司

联系地址：(300384)天津市南开区物华道2号华苑产业区海泰大厦火炬园A座4-42室

发明人：赵发

法律状态：视撤公告日：2010年6月16日

文摘：本发明为一种风味野菜腌制品，其特征在于它的主要成分包括野菜和调料。其制备方法为：①选取新鲜的野菜，去其须根，清水浸泡10～20分钟，清洗干净；②将清洗干净的野菜捞出，沥干，切碎，放入水中煮沸2～5分钟；③将油放入锅内烧至七八成热，将步骤②中加工过的野菜放入锅内翻炒1～3分钟，停止加热，晾凉；④配制调料，并将步骤③中制成的野菜放入调料中，加盖腌制1～3天；⑤将腌制好的野菜进行灭菌处理，真空封装，即为成品；其优越性在于：选用全天然野生作物，是一种全素的野生作物配制品，保留了野生作物本身的营养成分，营养价值高，口味鲜美，且其制备工艺简单、卫生，满足了消费者一年四季都可以食用野生蔬菜的需要。

167. 纸型山野菜及其加工方法

申请号：200810064094　　公开号：101238872　　申请日：2008年3月8日

申请人：张学义

联系地址：(157011)黑龙江省牡丹江市爱民区北山街15号

发明人：张学义、冯磊、赵凤臣、吴洪军、么宏伟、谢晨阳

法律状态：视撤公告日：2011年5月25日

文摘：本发明为纸型山野菜及其加工方法，属于食品加工领域。本发明的纸型山野菜由原料和添加剂加工而成，原料(按质量计)配比为：山野菜

10 000 份，调味剂 60～200 份；添加剂(按质量计)配比为：麦芽糊精 20～30 份，酵母粉 3～6 份，硬脂酸钙 0.5～1 份。其加工方法为：原料→预处理→变温发酵→打浆绞碎→拔料→一次烘干→添加调味剂赋味→微波干燥→切片→包装。本发明采用先进的生物工程技术，其产品不仅保持了山野菜原有的营养成分，而且乳酸菌代谢产生多种氨基酸、维生素和酶，提高了发酵制品的营养价值，形成乳酸制品独特的风味，同时乳酸菌参与调节人体肠道微生物平衡，有助消化、防便秘、抑病菌及调节人体生理功能等保健和医疗作用。

四、莲藕加工技术

168. 冻干干莲生产工艺

申请号：01123991　　公告号：1169458　　申请日：2001年8月10日

申请人：福州天洋农牧食品有限公司

联系地址：(350001)福建省福州市东街43号财经广场8C1

发明人：郑宝东、郑明初、吴美钦、吴龙勇、陈宗忠

法律状态：授权

文摘：本发明涉及一种冻干干莲生产工艺。其加工步骤为：①将采摘下来的莲子经通芯处理工序去芯。②按以下配比配制溶液：乙二胺四乙酸二钠0.02%～0.15%，维生素C 0.1%～0.3%。③将经通芯处理后的莲子置入浸泡溶液中浸泡。④经清洗后冷冻使莲子内部水分冰晶化。⑤真空低温升华干燥：将体内水分已冻结后的莲子置于真空低温状态下，使水分直接升华为气体而蒸发掉。该冻干干莲不仅易煮烂，便于食用，而且无褐变，品味好。

169. 速冻莲子的生产工艺

申请号：01123992　　公告号：1169456　　申请日：2001年8月10日

申请人：福州天洋农牧食品有限公司

联系地址：(350001)福建省福州市东街43号财经广场8C1

发明人：郑宝东、郑明初、吴美钦、吴龙勇、陈宗忠

法律状态：授权

文摘：本发明涉及一种速冻莲子的生产工艺。其工艺为：①将采摘下来的莲子经通芯处理工序去芯。②按以下配比配制浸泡溶液：乙二胺四乙酸二钠0.02%～0.15%，维生素C 0.1%～0.3%。③将经通芯处理后的莲子置入浸泡溶液中浸泡。④经清洗，快速冻结制成速冻产品后冷藏。该工艺制成的速冻莲子不仅有利于较长时期的冷藏保存，而且易煮烂，无褐变，便于食用，品味好。

170. 一种防止莲子返生的莲子罐头制备方法

申请号：200710008526　　公开号：101233872　　申请日：2007年2月2日

申请人：福建农林大学

联系地址：(350002)福建省福州市金山福建农林大学产业处

发明人：郑宝东、曾绍校、张怡、李怡彬

法律状态：授权

文摘：本发明为一种防止莲子返生的莲子罐头制备方法。本技术应用微波技术对莲子进行前处理，在微波效应的作用下，莲子中的淀粉颗粒在糊化的过程中产生一定的降解、变性，并与细胞内其他物质高度混合，这有效阻止了莲子淀粉分子在莲子罐头贮藏过程中的重结晶，从而防止莲子罐头的返生。本发明设备要求不高，可操作性强，能有效解决莲子等高淀粉质罐头的返生问题，适用于莲子罐头的工业化大规模生产。

171. 蜂蜜莲子

申请号：200710034440　　公开号：101015327　　申请日：2007年2月14日

申请人：湖南宏兴隆湘莲食品有限公司

联系地址：(411228)湖南省湘潭县天易生态工业园荷花中路

发明人：贺书红

法律状态：视撤公告日：2010年1月27日

文摘：本发明涉及食品，特别是一种蜂蜜莲子。它的组分包括莲子和蜂蜜。莲子补中养神，益气力，除百疾，久服轻身，耐老，不饥，延年，益心肾，固精气，强筋骨，利耳目，补虚损，能祛火解毒，止腹泻胎滑，少儿热泻，反胃吐食等；蜂蜜的药用价值也很广泛，对肝炎、肝硬化、肺结核、神经衰弱、失眠、便秘、胃及十二指肠溃疡等都有很好的辅助治疗作用。本发明采用蜂蜜对莲子进行浸渍得到更加美味可口并且极具保健作用的食品。

172. 一种熟制莲子的加工方法

申请号：200410077989　　公告号：1251617　　申请日：2004年9月23日

申请人：胡桂红

联系地址：(325406)浙江省平阳县山门镇平西路193号

发明人：胡桂红

法律状态：授权

文摘：本发明公开了一种熟制莲子的加工方法，它是对带有莲子的莲蓬整体加工的方法，主要包括以下工艺：①采集莲蓬，收集荷花原生的、完整性好的、选择大小相仿的成熟莲蓬。②风干，在阳光下自然干燥。③浸料，首先将莲蓬里的每颗莲子中的莲子心拔掉，然后把莲蓬长有莲子的那一面向下，放入配有调料液的浸料桶中，其中调料液的温度控制在50℃，浸料时间不超过24小时。④沥水晾干，将带莲子的莲蓬在晾房中晾干，时间在12小时之内。⑤烘干，将带莲子的莲蓬放置于烘烤设备中烘干，先在100℃以下烘3小时，然后浸入动物油或植物油，再将其放入已加热250℃后的烘烤设备中烘烤8～10分钟。⑥将单个莲蓬封口包装。因此，本发明保留了莲子的原有形状，食用性好，观赏性强。

173. 莲子营养保健食品的制造

申请号：200510131156　　公开号：1985661　　申请日：2005年12月23日

申请人：王健柏

联系地址：(250014)山东省济南市山师东路9号

发明人：王健柏

法律状态：授权

文摘：本发明涉及一种以莲子、阿胶为主要原料的营养保健食品的制造。首先将莲子阿胶分别制成酱，然后与白糖等辅助材料混合均匀，经过调匀、加热、装罐、封口、杀菌制得成品。本发明所制成的莲子营养食品，是一种既能养心益肾健脾、又能补血养血、延年益寿，具有丰富口味的营养性的保健食品。

174. 天然莲子汁的生产工艺

申请号：01123993　　公开号：1406521　　申请日：2001年8月10日

申请人：福州天洋农牧食品有限公司

联系地址：(350001)福建省福州市东街43号财经广场8C1

发明人：郑宝东、郑明初、吴美钦、吴龙勇、陈宗忠

法律状态：视撤公告日：2005年4月20日

文摘：本发明涉及一种天然莲子汁的生产工艺。按以下工序进行：将新鲜莲子或速冻莲子磨成浆→过滤→加入α-和β-淀粉酶进行水解→加入亲水稳定剂及调味剂→均质处理→装罐→灭菌。该工艺制得的天然莲子汁能较好地保持莲子的新鲜品味和清香，且无沉淀分层现象。

175. 一种莲藕复合汁及其生产方法

申请号：200510094771　　公告号：1301672　　申请日：2005年10月13日

申请人：南京农业大学

联系地址：(210095)江苏省南京市卫岗1号南京农业大学科技处钱宝英

发明人：韩永斌、顾振新、张丽华、陈培奇、刘安虎、邱永新

法律状态：授权

文摘：本发明涉及一种莲藕复合汁及其生产方法，属于一种复合果蔬汁及其生产方法。新鲜莲藕在0.10%抗坏血酸、0.15%柠檬酸和0.15%半胱氨酸复合护色液中浸泡0.5～1小时，破碎、打浆、糊化、酶解、榨汁、灭酶后制成莲藕汁。将莲藕汁、冬瓜汁、梨汁和苹果汁按40%～60%∶10%～25%∶10%～15%∶10%～30%比例混合，添加0.02%～0.04%黄原胶，0.03%～0.06%果胶，均质、真空脱气、灭菌，得到莲藕复合汁成品。该产品突出了莲藕特有的香味，莲藕复合汁配方突出了莲藕的清新香气、梨汁的爽口滋味，同时较好地融合了冬瓜汁和苹果汁风味、营养成分，体态均一稳定，是一种新型的复合果蔬汁。

176. 莲藕羹

申请号：03120766　　公告号：1183848　　申请日：2003年3月17日

申请人：马明义

联系地址：(100083)北京市海淀区志新东路6甲

发明人：马明义

法律状态：因费用终止公告日：2008年5月14日

文摘：本发明公开了一种莲藕羹，该莲藕羹主要是先将新鲜的莲藕加工成碎状，再加入沸水中煮成羹状。并且在该莲藕羹之前可先将红枣、百

合、枸杞、莲子、核桃仁放入清水中煮熟、煮烂，再将事先加工成碎状的新鲜莲藕加入已煮开的水中，并进一步煮成羹状，从而制成一种既清爽可口，在包装后又便于携带的莲藕羹。

177. 藕粉及其制作方法

申请号：200410065925　　公告号：100360057　　申请日：2004年12月28日

申请人：万兆武

联系地址：(225800)江苏省宝应县望直港工业园区

发明人：万兆武

法律状态：授权

文摘：本发明涉及藕制食品技术领域，尤其涉及一种藕粉及其制作方法。其藕粉呈片状，不含任何其他原料、调味品及辅料，纯度为100%，食用时色泽微红鲜亮，口感纯正，其制作方法独特，除对原料讲究外，改变现有的粉碎工艺为擦藕工艺，极大地减少了藕渣纤维的存在，通过削粉，使藕粉呈片状，更重要的是削粉后的片状藕粉是通过低温烘干，因而所获得的产品营养成分极少流失，是老少皆宜的绿色食品。

178. 咸鲜藕粉及其加工方法

申请号：200510010955　　公告号：1313025　　申请日：2005年8月10日

申请人：杨德春

联系地址：(652500)云南省澄江县龙街镇高西办事处

发明人：杨涛、付东升

法律状态：授权

文摘：本发明为一种咸鲜藕粉及其加工方法。在经过常规工序提取的纯藕粉中加入一定量的肉粉，如牛肉粉、猪肉粉、鸡肉粉、海鲜粉，再加入一些调味品加工而成，制成的颗粒速溶型咸鲜藕粉产品不用预调，直接用沸水冲调后即可食用，藕粉具有肉类或海鲜的营养及其特殊的风味、且食用方便易携带，克服了传统藕粉只能作为甜食的问题。本发明提供的咸鲜藕粉，按质量分数计，各成分比例为：藕粉30%～95%，肉粉0.5%～20%，味精0.5%～10%，呈味核苷酸二钠(I+G)0.01%～5%，食盐0～10%，白糖粉0～30%，肉味香精0～5%，将上述物料混合，搅拌15～60分钟，加入一定量的冷水，按混合后物料：冷水为5：1混合搅拌15～60分钟后造粒，烘干至含水量小于15%即得。

179. 荷藕粉及其加工方法和应用

申请号：200510040310　　公开号：1868322　　申请日：2005年5月27日

申请人：杨世春

联系地址：(225800)江苏省宝应县城四通路22号505室

发明人：杨世春

法律状态：视撤公告日：2008年12月10日

文摘：本发明涉及荷藕粉及其加工方法和应用，属于绿色食品技术领域。本产品由荷叶粉和藕粉的混合物构成，加工方法是原料经过清洗消毒→切分→护色→脱水→粉碎制得，可以用来制得相关药品、食品、保健品、日化用品。本发明投资少、见效快、获利高，具有其他产业无法比拟的特点。产品香气幽雅、纯正，具有人体所需的多种营养成分，具有医疗和保健功能。用荷叶加工成的荷藕粉、荷叶多肽口服液、儿童食品蛋白质添加剂、荷叶食用纤维及荷叶黄酮等系列产品是技术含量高、附加值较大的产品。

180. 活化莲藕纤维粉的制备方法

申请号：200610098125　　公开号：101190030　　申请日：2006年12月1日

申请人：江苏荷仙食品集团扬州市永佳食品有限公司

联系地址：(225812)江苏省宝应县望直港镇獐狮集镇东首

发明人：顾振新、韩永斌、陈志刚、李冰冰

法律状态：实审

文摘：本发明为活化莲藕纤维粉的制备方法。本发明属于生化、食品领域，涉及一种采用酶提取莲藕纤维的方法。本发明采用提取莲藕淀粉后的渣子为原料，往莲藕渣中加水，并加热至30℃～70℃；采用α-淀粉酶和蛋白酶分别对混合液中的淀粉及蛋白质进行水解；而后过滤，所得固化物依次经微波干燥、挤压膨化、超微粉碎等工艺进行加工；最后，制得活化莲藕纤维粉。本发明克服了传统化学方法的效率低的缺点；酶促反应专一，副产物较少，产物纯度高；反应条件温和、环境友好、反应过程简单易控、产物易分离。

181. 复合保健莲藕粉及其加工工艺

申请号：200610098126　　公开号：101190040　　申请日：2006年12月1日

申请人：江苏荷仙食品集团扬州市永佳食品有限公司

联系地址：(225812)江苏省宝应县望直港镇獐狮集镇东首

发明人：顾振新、韩永斌、陈志刚、李冰冰

法律状态：实审

文摘：本发明为复合保健莲藕粉及其加工工艺。本发明属于食品领域，涉及一种保健复合藕粉及其制作方法。本发明所含成分及质量分数为：藕粉40%～50%，富含γ-氨基丁酸(GABA)的发芽糙米粉10%～20%，活化藕膳食纤维粉5%～10%，白糖粉20%～30%。先将藕粉、发芽糙米粉分别置入容器，搅拌均匀；再将搅拌均匀的混合物进行微波糊化加工；然后往微波糊化后的混合物中加入活化藕膳食纤维粉和白糖粉，搅拌均匀；最后，将物料混合造粒、流化干燥，制得。本发明为消费者提供了营养丰富、保健作用良好的新型方便食品，满足了消费者多样化、高质量的需求，用本方法制得的产品不但饮用方便，而且营养保健。

182. 速冻莲藕盒产品的生产方法

申请号：200610039770　　公告号：100536686　　申请日：2006年4月12日

申请人：张长法

联系地址：(225818)江苏省宝应县广洋湖镇镇西扬州天禾食品有限公司

发明人：张长法

法律状态：授权

文摘：本发明公开了一种速冻莲藕盒产品的生产方法，属于食品加工技术领域。先分别制备藕片、藕盒馅、浆藕(藕盒面皮)，然后将藕片、藕盒馅制作成生藕盒，将生藕盒送入蒸箱预蒸后，再先进入上浆机上浆，然后再进入油炸机炸成熟藕盒，最后将熟藕盒进行速冻、包装、贮存。本发明精选多种荤素材料，精肉、肥肉搭配得当，配方独特，符合现代营养学和国内外消费潮流。产品具有独特的风味和极高的营养价值。采用冷藏贮存、运输，保质时间长，食用方便。制作程序规范，便于工业化生产管理，安全卫生，生产制作效率高。

五、番茄、苦瓜、辣椒加工技术

183. 从番茄皮渣中提取番茄红素的方法

申请号：200710150585　　**公开号**：101449801　　**申请日**：2007 年 11 月 30 日

申请人：天津科技大学

联系地址：(300457)天津市经济技术开发区第十三大街 29 号

发明人：张泽生、赵娟娟、王浩

法律状态：实审

文摘：本发明涉及一种从番茄皮渣中提取番茄红素的方法。其步骤是：①将番茄皮渣经皮籽分离工序，得到番茄皮和番茄籽；②将①得到的番茄皮进行粉碎，得到番茄皮浆；③对番茄皮浆进行预处理，脱水除杂；④把处理后的番茄皮浆加入有机溶剂进行提取，收集提取液；⑤真空浓缩，即制得番茄红素。本发明提供的提取番茄红素的方法，是利用了番茄加工业废弃物-番茄皮渣作为原料，得到高含量的番茄红素产品。本方法简便易行，原料来源广泛，成本低廉。本发明的实施有利于补充番茄红素生产的原料来源，同时避免了资源浪费和环境污染，又能增加番茄产业的经济效益，开发前景非常广阔。

184. 一种番茄制品深加工的方法

申请号：02124576　　**公告号**：1186992　　**申请日**：2002 年 6 月 20 日

申请人：中国科学院新疆理化技术研究所

联系地址：(830011)新疆维吾尔自治区乌鲁木齐市北京南路 40 号附 1 号

发明人：赵文军、吴雪萍、王旭

法律状态：因费用终止公告日:2009 年 8 月 19 日

文摘：本发明涉及一种番茄制品深加工的制备方法，该方法首先利用含水的低碳极性有机溶剂提取出番茄浓缩物或皮渣中的番茄风味物，然后利用低极性溶剂提取出番茄红素，最后得到富含番茄膳食纤维的食用添加剂。利用该方法可高收率生产出高纯度的番茄红素粉，其纯度大于50%，最高可达95%，可方便地应用于医药、保健品中。同时还可生产出富含β-胡萝卜素、叶黄素等类胡萝卜素及其他维生素、有机酸、番茄脂质、黄酮、糖和番茄芳香物的番茄风味物，可作为食品添加剂应用于饮食品的营养强化或调味。另外，还可将得到的残渣直接或经加工后作为膳食纤维用于食品或其他行业中。

185. 一种番茄红素保健食品及制备方法

申请号：200310110801　　公告号：100527996　　申请日：2003年10月24日

申请人：重庆太极医药研究院

联系地址：(400010)重庆市渝中区两路口重庆村1号太极大厦

发明人：秦少容、张景勍、韩锐、葛文津、彭涛、孙登雄

法律状态：授权

文摘：本发明提供了一种番茄红素天然保健食品及其制备方法，所制的保健食品是由番茄红素、蜂胶和橄榄油经特殊工艺制成。该保健食品能够兼具番茄红素、蜂胶、橄榄油的保健功能，并产生很好的协同作用。该方法在工业上可行，工艺过程简单，成本低廉、产品收率大。

186. 纸型番茄纤维食品的制备方法

申请号：03125264　　公告号：1264421　　申请日：2003年8月12日

申请人：傅敏恭

联系地址：(330047)江西省南昌市南京东路235号南昌大学北区化学系

发明人：傅敏恭、朱为英、傅雪

法律状态：因费用终止公告日：2008年10月8日

文摘：本发明涉及一种薄如纸的纸型番茄纤维食品的制备方法及其应用。其制备方法为：番茄原料，经预处理，破碎，打浆，压滤得到滤液、滤渣，滤渣经调节水分，添加成型剂和均质处理，物料辊压成型，真空干燥，得到成品；其中：成型剂包括单一或混合的琼脂、明胶、瓜尔胶、羧甲基纤维素钠和海藻酸钠；均质处理条件为10～30兆帕；滤渣经调节水分，其水分含量控制为物料的20%～30%；在30℃～60℃干燥，控制水分使成品中水分含量为

6%～10%。本发明可制备成颜色鲜艳，厚薄均匀，光洁致密，稍有透光性、柔韧性好的产品，作为可食用的包装纸、膳食袋，纸型保健食品，丰富了番茄的用途，这些新颖的食品形态容易吸引消费者。

187. 番茄红素复合软胶囊

申请号：200810057035　　公开号：101496796　　申请日：2008年1月29日

申请人：北京康必得药业有限公司

联系地址：(102600)北京市大兴区中关村科技园区生物医药产业基地永大西路37号

发明人：刘丽平、毛晶晶、张西辉

法律状态：实审

文摘：本发明涉及一种番茄红素复合软胶囊。它是由番茄红素、β-胡萝卜素、植物油、稳定剂和适宜的囊材按常规制备工艺制成。该番茄红素复合胶囊可以清除体内的自由基，提高人体免疫力，美容祛皱，维护皮肤健康。

188. 含有番茄红素食用油的制备工艺

申请号：200810020591　　公开号：101228910　　申请日：2008年2月4日

申请人：张超

联系地址：(215633)江苏省张家港市金港镇天福南路9号

发明人：韩国霞

法律状态：视撤公告日：2010年4月6日

文摘：本发明公开了一种工艺简单、并能大大提高顺式结构的番茄红素含量的含有番茄红素食用油的制备工艺，包括如下步骤：①去除氧化因素：用惰性气体去除食用油中可能导致其氧化的空气及易挥发杂质。②加入番茄红素，并升温至100℃～200℃，直至番茄红素与食用油达到均匀混合状态后，冷却至常温。至常温后再使用棕色容器进行分装，这样可以延长食用油的保存时间。制得的食用油非常适合中国人的饮食习惯，在日常饮食中人体就能有效地吸收其中的番茄红素，使人体能充分利用番茄红素的抗氧化、清自由基能力，以及修复细胞、延缓衰老、防癌抗癌等诸多功效，为人体健康发挥积极作用。

189. 一种番茄沙司

申请号：200410096092　　公告号：1278625　　申请日：2004年11月29日

申请人：陈其钢

联系地址：(830002)新疆维吾尔自治区乌鲁木齐市民主路81号三栋三单元502室

发明人：陈其钢

法律状态：授权

文摘：本发明产品为番茄沙司。制作原料中含有番茄酱、饴糖(淀粉糖浆)、食盐、变性淀粉、白砂糖、红辣椒粉、辣椒酱、胡椒、白醋、特鲜味素、酵母浸膏、番茄香精、山梨酸钾(防腐剂)、阿斯巴甜、分子蒸馏单甘酯(乳化剂)和水。本发明番茄沙司具有营养丰富、口感好的特点，适宜不同年龄段、不同地区和不同种族人们食用。

190. 含天然碘元素的番茄酱的生产方法

申请号：200710067148　　公开号：101011142　　申请日：2007年2月2日

申请人：浙江大学

联系地址：(310027)浙江省杭州市浙大路38号

发明人：翁焕新、翁经科

法律状态：授权

文摘：本发明公开了一种含天然碘元素的番茄酱的生产方法。方法的步骤如下：①先将番茄的种子放入温水中浸种，然后用1%高锰酸钾溶液浸泡，浸泡后的种子用自来水反复冲洗干净后，将种子均匀平铺在干净纱布上，置于恒温箱中催芽，待80%～85%种子发芽以后通过固体基质或苗床育苗。②当秧苗长到4～5片叶时，将幼苗移栽到田间，移栽之前施足基肥，采用沟施含碘有机肥，番茄生长期间追施复合肥，成熟后的番茄中含碘量达到200～1 800微克/千克。③将上述含碘的番茄，经过浮洗、去籽、预热、打浆、浓缩、杀菌过程后，进行无菌灌装。本发明的番茄酱中所含的天然碘元素是通过作物吸收过程而形成的生物碘，既容易被人体吸收，又安全。番茄酱本身由于营养丰富，而是人们日常生活中喜爱的食品，含天然碘元素的番茄酱将是人体补碘的理想天然来源。

191. 四步脱水法樱桃番茄干加工工艺

申请号：200710163435　　**公开号**：101151977　　**申请日**：2007年10月25日

申请人：李守芹

联系地址：(053700)河北省阜城县古城镇李里阳村三阳加油站

发明人：李天恩

法律状态：实审

文摘：本发明为一种樱桃番茄干加工工艺，其对樱桃番茄的加工按下述步骤进行：①日晒或红外线照射，使表皮初步干燥；②用利器划伤表皮，以破坏表皮坚韧性，随后稍行烘干，以愈合伤口；③用高渗溶液浸泡，使樱桃番茄水分大部分渗出；④55℃～65℃低温烘干即可。高渗溶液为加有1%柠檬酸的50%浓蔗糖溶液；本发明四步脱水法樱桃番茄干加工工艺，制成的樱桃番茄干颜色鲜红、肉质如葡萄干，美味可口，且有番茄特有风味，可以直接包装用作小食品，也可用作进一步加工糕点、糖果、番茄酱的原料，是一种农副产品深加工技术，适合在广大农村推广。

192. 一种姜味番茄脯的制作方法

申请号：200610044836　　**公开号**：101088360　　**申请日**：2006年6月16日

申请人：高伟

联系地址：(255100)山东省淄博市淄川区文化路13号

发明人：高伟

法律状态：视撤公告日:2010年3月17日

文摘：本发明涉及一种姜味番茄脯的制作方法，由下列成分原料组成：鲜番茄(中型)、鲜生姜、白糖、石灰水(浓度为5%)、冷水。制作出的姜味番茄脯呈深红色，透明若水果糖，含水量为20%，含酸0.5%～0.7%，入口爽脆有辣味，甜酸可口。有兴奋发汗开胃功能，具有味道鲜香，营养丰富的特点，保存期可达3个月以上。

193. 番茄加工中番茄红素的保存方法

申请号：200610135024　　**公开号**：101204212　　**申请日**：2006年12月20日

申请人：抚顺康脉欣生物制品有限公司

联系地址：(113006)辽宁省抚顺市顺城区新城路东段5号

发明人：杜广玲

法律状态：视撤公告日:2011年3月23日

文摘：本发明涉及食品加工技术，具体地说是一种番茄加工中番茄红素的保存方法。具体为将破碎的番茄加热到95℃～98℃进行预热，然后冷却至20℃～60℃均质3～5分钟，将冷却的番茄离心，取出上清液并加入品质改良剂和抗氧化剂，混匀后的清液在4℃～6℃保存。本发明的加工方法可使得到的番茄红素的保存率达到85～98%。同时保持番茄汁的天然色泽，提高了番茄汁的稳定性。

194. 一种番茄冰淇淋粉及其制备方法

申请号：200610136439　　公开号：101164427　　申请日：2006年10月19日

申请人：深圳市海川实业股份有限公司、深圳海川食品科技有限公司

联系地址：(518040)广东省深圳市福田区车公庙天安数码城F3.8栋C、D座七、八楼

发明人：赵建华、刘梅森、何唯平

法律状态：实审

文摘：本发明公开了一种番茄冰淇淋粉。其原料用量(按质量计)：糖40～55份，奶粉30～40份，植脂末8～15份，麦芽糊精5～10份，单甘酯0.3～0.8份，蔗糖酯0.2～0.8份，瓜尔豆胶0.3～0.8份，羧甲基纤维素钠0.3～0.8份，番茄汁5～10份。本发明还公开了该冰淇淋粉的制备方法。在冰淇淋粉中加入含有果胶、番茄红素及维生素等营养保健物质的番茄汁，由该粉制成番茄汁冰淇淋，既美味又有营养，保持了人们喜爱的风味和口感，使冰淇淋的营养更趋全面，大大增加了营养保健的功效。番茄汁冰淇淋的出现满足了人们对冰淇淋保健功能的要求，同时番茄加工成番茄汁，然后制成冰淇淋，可延长产业链，增加收入。

195. 一种樱桃番茄果脯的制备方法

申请号：200710028435　　公开号：101073369　　申请日：2007年6月5日

申请人：华南理工大学

联系地址：(510640)广东省广州市天河区五山路381号

发明人：李国基、耿予欢

法律状态：视撤公告日:2010年7月21日

文摘：本发明公开了一种樱桃番茄果脯的制备方法。该方法是取新鲜的樱桃番茄,经护色剂浸泡,真空浸渍,真空干燥或热泵干燥,灭菌包装,得到营养美味的樱桃番茄果脯产品,具有独特的口感和风味,富含多种对人体有益的营养成分,是一种很好的保健食品。本发明制作工艺简单,高效、无菌,适用于工业化生产,便于普及及推广,具有很好的市场前景和经济效益。

196. 一种加工番茄汁的破碎工艺

申请号：200510126419　　公告号：100348134　　申请日：2005年12月8日

申请人：中国农业大学

联系地址：(100083)北京市海淀区清华东路17号

发明人：廖小军、司瑞敬、胡小松、汪厚银、陈芳、吴继红、张燕

法律状态：授权

文摘：本发明提供了一种加工番茄汁的破碎工艺,包括破碎和保温步骤,其中破碎温度为10℃～55℃。本发明所述的加工番茄汁的破碎工艺,能有效降低番茄汁的黏度,防止褐变,提高产品稳定性,改善口感,并且不会降低番茄红素的含量,也不会影响产品色泽;与热破碎工艺相比较,可减少单位产品的能耗,降低生产成本;而且所需设备可在热破碎工艺设备的基础上改造,投资少。

197. 苦瓜保健食品及其制备方法

申请号：200510021576　　公告号：100367878　　申请日：2005年8月26日

申请人：桂林淮安天然保健品开发有限公司

联系地址：(541004)广西壮族自治区桂林市高新技术开发区创业工业园

发明人：郑仲声

法律状态：授权

文摘：本发明将公开苦瓜保健食品及其制备方法。本苦瓜保健食品的主要有效成分(按质量计)包括:由150～250份鲜苦瓜制成的苦瓜全粉

或苦瓜汁;0.5～2.5份的苦瓜苷;其主要有效成分还可包括0.5～1.5份的木糖醇和/或0.1～0.2份的柠檬酸,苦瓜全粉采用冷冻干燥及微米粉碎法进行制备。本发明以苦瓜全粉和苦瓜苷配合使用,苦瓜的果、皮、汁、籽各部分的有效成分得到综合利用的同时,这些有效成分也与苦瓜苷互相协同作用,使得本苦瓜保健食品对人体起到更全面、稳定的降血糖、降血脂功效和保持女性特征,防止骨质疏松,使女性肌肉富有弹性,皮肤具有光泽,延缓衰老。

198. 一种苦瓜果酱冰淇淋粉

申请号:200510036686　　公开号:1919033　　申请日:2005年8月25日

申请人:深圳市海川实业股份有限公司

联系地址:(518040)广东省深圳市福田区车公庙天安数码城F3.8栋C、D座七、八楼

发明人:赵建华、何唯平

法律状态:实审

文摘:本发明公开了一种苦瓜果酱冰淇淋粉。按质量分数计,各组分配比为:糖35%～50%,奶粉30%～40%,树脂末8%～15%,麦芽糊精2%～8%,单甘酯0.3%～0.8%,蔗糖酯0.2%～0.8%,瓜尔豆胶0.3%～0.8%,纤维素CMC 0.3%～0.8%,苦瓜果酱15%～25%。经此配方制得的冰淇淋粉流散性非常好,这种苦瓜果酱冰淇淋粉制得的冰淇淋具有清热降火、止渴生津的作用,再配以苦瓜及苹果的诸多营养及功效,使冰淇淋的营养更趋全面,大大增加了消暑、降火生津的功效。

199. 以苦瓜为原料的天然食品防腐剂及其生产方法

申请号:200510059331　　公告号:100551278　　申请日:2005年3月29日

申请人:刘尚文

联系地址:(430072)湖北省武汉大学校内枫园武汉武大生产技术实业有限公司

发明人:刘尚文、王富华

法律状态:授权

文摘:本发明涉及一种以苦瓜为原料的天然食品防腐剂及其生产方

法，由苦瓜提取物、增效剂和保护剂为原料混合而成，所述原料的质量配比为：苦瓜提取物5～15份，增效剂0.8～1.5份，保护剂0.5～0.8份。所述苦瓜提取物中含有苦瓜的有效成分，所述增效剂是蒜素，所述保护剂是壳聚糖，所述的防腐剂为乳剂，通过干燥可制成粉剂，具有广谱抑菌的功效，对金黄色葡萄球菌、大肠杆菌，酵母菌有较强的抑菌效果。本发明的天然食品防腐剂的抑菌效果明显优于化学食品防腐剂。

200. 一种腌渍苦瓜的制作方法

申请号：200610016382　　公开号：101167561　　申请日：2006年10月26日

申请人：天津中英纳米科技发展有限公司

联系地址：(300384)天津市南开区物华道2号华苑产业区海泰大厦火炬园A座4-42室

发明人：赵发

法律状态：视撤公告日：2010年7月14日

文摘：本发明为一种腌渍苦瓜的制作方法。其制作步骤为：①选取新鲜苦瓜，洗净，切片，浸泡；②加入葱、姜、蒜，腌渍4小时；③罐装，密封，杀菌即成。本发明的有益效果是腌渍成的苦瓜食品色泽光亮，汁纯无渣、浅黄透明，味道鲜、香、脆、微苦的苦瓜食品。保存时间长，食用方便，具有降糖、降脂效果，对高血压、高血脂以及肥胖症有良好的抑制作用，特别适合人们的食用，对于人体有很好的保健作用。

201. 低糖苦瓜脯的制备方法

申请号：200610048893　　公开号：1969649　　申请日：2006年12月8日

申请人：付东升

联系地址：(652500)云南省澄江县龙街镇高西办事处

发明人：付东升

法律状态：授权

文摘：本发明为一种低糖苦瓜脯的制备方法。原料经初加工，硬化处理，配氯化钙溶液，将切分后的苦瓜放入浸泡4～10小时；脱苦，配氯化钠溶液，煮沸，将处理后的苦瓜放入溶液中煮沸，捞出冷却至25℃～35℃，反复3～5次至基本无苦味；糖制，配糖汁并煮沸，倒入已脱苦的苦瓜，浸泡24～

48小时，将糖汁滤出，浓缩糖汁使其甜度提高5%后再次浸泡苦瓜24～48小时，反复浸泡2～3次，至苦瓜完全浸透糖，总糖含量低于55%；烘干，温度低于70℃烘至含水量为18%～23%。本发明将口感较苦的苦瓜制为口感好，风味独特的苦瓜脯，不仅丰富了人们的副食品，还使人们面对苦瓜不再望而却步。本发明还可以使食用苦瓜不受季节的限制，且风味独特、口感好、便于运输和贮藏，是一种具有保健和辅助治疗的美味食品。

202. 一种从苦瓜中高效提取苦瓜多糖的方法

申请号：200710031096　　公开号：101147537　　申请日：2007年10月26日

申请人：华南理工大学

联系地址：(510640)广东省广州市天河区五山路381号

发明人：胡飞、陆慧玲

法律状态：授权

文摘：本发明公开了一种从苦瓜中高效提取苦瓜多糖的方法。该方法包括：将新鲜苦瓜原料切片、真空干燥、磨碎成苦瓜粉，再用乙醇提取、过滤干燥得到的苦瓜粉用作后续工艺的原料；向苦瓜粉加入蒸馏水，再用0.2%～0.6%的纤维素酶处理10～12分钟，过滤得滤渣，接着再按质量比1∶25～30加入蒸馏水，700～1 000瓦微波处理3～5分钟，然后55℃～60℃水浴加热3.5～4小时，过滤得滤液；最后中性蛋白酶处理滤液、透析袋透析、旋转蒸发、无水乙醇沉淀、40℃～45℃真空干燥得浅黄色苦瓜多糖。该方法安全、节能，产品得率、纯度均较高，为进一步纯化奠定了良好的基础，且产品的溶解性、生理活性均得到很好地保持。

203. 一种脱水苦瓜片的制备方法

申请号：200710031788　　公开号：101176540　　申请日：2007年11月29日

申请人：广东省农业科学院农业生物技术研究所

联系地址：(510610)广东省广州市天河区东莞庄一横路133号

发明人：唐小俊、池建伟、张名位、魏振承、张雁、张瑞芬、李建雄

法律状态：授权

文摘：本发明公开了一种脱水苦瓜片的制备方法。包括以下步骤：①以新鲜苦瓜为原料，去蒂，清洗干净后，切片；②苦瓜片进行微波预处理；

③把所得苦瓜片用护色剂按料液重量体积比为 1∶2～4 进行浸泡；④取出浸泡的苦瓜片，沥干水分，进行微波灭酶处理，然后烘干至水分含量为 65%～70%，再进行微波干燥至水分含量为 5%～7%；⑤将经干燥后的苦瓜片进行冷却，包装。本发明采用微波预处理技术结合护色剂处理，可以有效控制苦瓜片干燥过程中褐变的发生，提高产品质量；在苦瓜片干燥至降速阶段，然后用微波进行干燥，可以大大缩短干燥时间，减少能耗，提高生产效率。

204. 苦瓜口含片及生产工艺

申请号：200710050431　　公开号：101427766　　申请日：2007 年 11 月 7 日

申请人：熊丽

联系地址：(610100)四川省成都市龙泉驿区陶然村 5 号楼 5 单元 8-14

发明人：熊丽、兰现勇、兰小平

法律状态：公开

文摘：本发明公开了一种苦瓜口含片，其配料包括苦瓜粉、奶粉、葡萄糖、白糖。本发明还公开了一种苦瓜口含片的生产工艺，先对各配料进行处理制得基料，然后对基料依次进行制粒、压片、包衣及包装，制得成品，所述基料的加工方法为：将成熟度适中的苦瓜清洗、去皮、去籽、切成颗粒，然后与青椒混炒 2～3 分钟，分离后风干，再进行粗粉碎和细粉碎两次粉碎处理，得到苦瓜粉；将白糖、甜菊甙、食用明胶研为细末，然后与苦瓜粉、奶粉、葡萄糖、香精混合均匀，即得基料。经常服用本发明中的苦瓜口含片，通过休闲咀嚼的方式，人们在不知不觉中就能收获苦瓜所具有的清暑涤热、明目解毒、降低血糖的功效，尤其适合在夏季作为休闲食品服用。

205. 一种苦瓜含片及其制备方法

申请号：200710060515　　公开号：101467631　　申请日：2007 年 12 月 29 日

申请人：沃德(天津)营养保健品有限公司

联系地址：(300308)天津市空港物流加工区西十一道 123 号

发明人：李德明

法律状态：公开

文摘：一种苦瓜含片。该含片各种组分的质量分数为：苦瓜粉 50%～

55%,西洋参皂苷25%～30%,余量为甘露醇。其制作步骤如下:①精选优质新鲜苦瓜为原料,利用低温技术脱水后制成苦瓜粉;②将上述粉状原料按各组分质量分数混合均匀;③按常规方法压制成片,密封袋装或罐装即可。本发明的优点:具有调节血脂、降低血压的功效;苦瓜中的苦味素能刺激唾液腺分泌的增加,较好地缓解糖尿病患者的口干和口渴症状;食用方便,是纯天然保健品。

206. 一种苦瓜喷剂及其制作方法

申请号:200610016396　　公开号:101167551　　申请日:2006年10月26日

申请人:天津中英纳米科技发展有限公司

联系地址:(300384)

天津市南开区华苑产业区海泰大厦火炬园A座4-42室

发明人:赵发

法律状态:视撤公告日:2010年7月14日

文摘:本发明为一种苦瓜喷剂。由苦瓜原汁、甜菊素、甘草甜素、薄荷油、桉叶油、蔗糖脂肪酸脂、食用精盐和蒸馏水组成,各组分的质量配比为:苦瓜原汁100份,甜菊素30份,甘草甜素16份,薄荷油5份,桉叶油5份,蔗糖脂肪酸脂0.02份,食用精盐35份,蒸馏水300份;其制作方法是将苦瓜原汁、甜菊素、甘草甜素、薄荷油、桉叶油、蔗糖脂肪酸脂、食用精盐和蒸馏水在罐中混合搅拌均匀后灌注入喷雾瓶内即可。本发明的优点是:苦瓜喷剂,不但甘爽适口、食用方便,而且营养丰富,具有清心开胃、清咽利喉、明目提神之功效,是一种良好的保健食品。

207. 一种苦瓜保健食品及其制作方法

申请号:02113614　　公告号:1166323　　申请日:2002年4月12日

申请人:何伟平

联系地址:(541213)广西壮族自治区桂林市八里街经济技术开发区桂林实力公司

发明人:何伟平

法律状态:授权

文摘:本发明涉及一种苦瓜保健食品及其制作方法。该保健食品中含有苦瓜苷，苦瓜苷与β-环糊精的质量比为3～1∶1。其制作方法是先从苦瓜中通过水处理，大孔树脂柱分离，脂肪醇洗涤得到苦瓜苷含量相对较高的苦瓜提取物，然后配入β-环糊精等组分原料，混合而成。本发明的苦瓜保健食品苦味适中，含甜味剂少，口感好，具有清凉解热、降血糖、降血脂、降血压的功效，也可适宜于糖尿病患者。

208. 超细苦瓜粉的生产方法

申请号：02150811　　公告号：1229038　　申请日：2002年11月28日

申请人：上海华力索菲科技有限公司

联系地址：(200237)上海市上中路462号

发明人：蒋士忠、葛晓陵、季建平、蔡湘涌、王洪斌、王象勤

法律状态：因费用终止公告日：2008年1月23日

文摘：本发明公开了一种超细苦瓜粉的生产方法。该法主要包括原材料的预处理、苦瓜干片的粗加工粉碎、苦瓜颗粒的超细加工粉碎等步骤。所得超细苦瓜粉的粒径≤10微米，其中总苷(药用组分)含量高达1 600毫克/100克以上。

209. 苦瓜冰淇淋粉及其制作方法

申请号：03137115　　公告号：1330250　　申请日：2003年6月2日

申请人：深圳市海川实业股份有限公司

联系地址：(518040)广东省深圳市福田区车公庙天安数码城F3.8栋C、D座七、八楼

发明人：刘梅森、何唯平

法律状态：因费用终止公告日：2009年8月12日

文摘：本发明公开了一种苦瓜冰淇淋粉及其制作方法。按质量分数计，其原料配比为：30%～45%的糖，30%～40%的奶粉，8%～15%的植脂末，2%～8%的麦芽糊精，0.3%～0.8%的单甘酯，0.2%～0.8%的蔗糖酯，0.3%～0.8%的瓜尔豆胶，0.3%～0.8%的纤维素CMC，10%～20%的苦瓜汁。其制作过程包括混合、溶解、老化、均质、杀菌、浓缩及喷雾干燥几个步骤。本发明冰淇淋粉制成的冰淇淋与传统冰淇淋相比，不仅营养更加丰富，由于添加了苦瓜这一原料，大大增强了清热解渴的功效，同时使冰淇淋

具有降低血糖等保健功能，这种冰淇淋是一种较好的消暑食品，而且适合高血糖患者食用。

210. 苦瓜冻干超微粉全果制品及其加工方法

申请号：01127488　　公开号：1348709　　申请日：2001 年 11 月 2 日

申请人：山东省农业科学院中心实验室

联系地址：(250100)山东省济南市桑园路 28 号

发明人：张炳文、任凤山、郝征红、岳晖、宋永生、秦宏伟

法律状态：视撤公告日：2004 年 8 月 11 日

文摘：本发明涉及食品，是一种苦瓜冻干超微粉全果制品及其加工方法。选择成熟苦瓜，清洗去籽切片，真空冷冻干燥后，粉碎成超微粉末得到苦瓜全果超微粉。苦瓜冻干超微粉全果制品可保存苦瓜的全部营养与活性成分，易被人体吸收，易于保存、携带、食用方便。苦瓜冻干超微粉全果制品方法，可使苦瓜中的生物活性成分不被热损及氧化破坏，可使苦瓜纤维得到活化，可起到较好的降血糖的作用等。

211. 苦 瓜 片

申请号：200810112873　　公开号：101283765　　申请日：2008 年 5 月 26 日

申请人：北京市科威华食品工程技术有限公司

联系地址：(100069)北京市丰台区右安门外东滨河路 4 号

发明人：姚自奇、李东、温凯、冯霖、梁绍隆、庄艳玲

法律状态：授权

文摘：本发明公开了一种苦瓜片及其制备方法。将原、辅料粉碎，按比例称量，干混，湿混，造粒，干燥，整粒，混料，压片，检验，包装，即得本发明产品。本发明配方为：苦瓜粉 10～50 千克，异麦芽低聚糖 8～15 千克，山梨醇 30～80 千克，柠檬酸钙 2～10 千克，葡萄糖酸锌 0.1～0.8 千克，维生素 C 2～5 千克，维生素 B_1 10～100 克，维生素 B_6 10～100 克，柠檬酸 1～5 千克，阿斯巴甜 50～150 克，硬脂酸镁 0.5～5 千克。本发明产品营养丰富、口味爽口，同时具有降低血糖、改善血液循环、免疫调节等保健功效。

212. 一种可调节血糖的苦瓜糖及其生产工艺

申请号：01145033　　公告号：1199576　　申请日：2001 年 12 月 31 日

申请人：谢克华

联系地址：(300457)天津市天津经济技术开发区第四大街 80 号天大科技园 D3 号

发明人：谢克华

法律状态：授权

文摘：本发明为一种可调节血糖的苦瓜糖及生产工艺。其配比为：麦芽糖醇 40%～45%，赋形剂 20%～25%，苦瓜汁浓缩液 35%。其工艺流程如下：①苦瓜洗净；②压榨苦瓜汁；③低温减压浓缩，得到苦瓜浓缩液；④放入赋形剂、麦芽糖醇；⑤熬煮；⑥冷却；⑦成型。本发明的优越性在于：应用上述配方、配比及生产工艺制成了不含蔗糖的糖果，满足了糖尿病人及不适宜食用蔗糖的人群食用甜食的需要，同时还具有降低糖尿病人高血糖的功效。

213. 糟辣椒调料及其制作工艺

申请号：01108725　　公开号：1334027　　申请日：2001 年 8 月 9 日

申请人：苏玺州、任德兴

联系地址：(400013)重庆市渝中区业成花园 A 幢 12-8

发明人：苏玺州、任德兴

法律状态：视撤公告日：2005 年 4 月 20 日

文摘：本发明是一种糟辣椒调料及其制作工艺。它以鲜辣椒为主要原料，添加老姜、料酒、花椒粉、花生米、食盐、味精、色拉油、麻油辅料，经腌制、自然发酵而制成。该发明营养丰富，味道纯正香辣，不含防腐剂，保留了辣椒的天然本质，并且工艺简单，制作容易，成本低。本发明不仅可直接拌饭拌菜、拌面条、拌馒头，而且可炒菜，作火锅底料。

214. 一种纯天然辣椒调味品及其制备方法

申请号：200510033975　　公告号：1309315　　申请日：2005 年 4 月 6 日

申请人：谢祖斌

联系地址：(510550)广东省广州市广州大道北白水塘南街2巷6号

发明人：谢祖斌

法律状态：因费用终止公告日：2009年6月3日

文摘：本发明公开了一种纯天然辣椒调味品，它包括辣椒、食用油、芝麻粒及香料原料。所述各原料质量配比为：辣椒50～100份，食用油1.5～3份，芝麻粒2～5份，香料5～20份。本发明同时还公开了该纯天然辣椒调味品的制备方法，包含如下步骤：挑选色泽鲜明、颗粒饱满的辣椒，洗净、晾干；将辣椒放在电烘干器内进行烤制，烤制温度为60℃～100℃，烤制时间根据温度而定，为1～5小时，烤制辣椒颜色变为金黄色；在辣椒烤制时间进行到一半时加入食用油，搅拌均匀后继续烤制；将烤制好的辣椒放在电子盅碎机内盅碎；在盅碎辣椒过程中加入芝麻粒、食用油、香料，搅拌均匀即可得辣椒调味品。

215. 籽末辣椒调味品

申请号：200710077730　　公开号：101040699　　申请日：2007年4月19日

申请人：尚伦文

联系地址：(553309)贵州省纳雍县百兴镇新街村农贸百园大道

发明人：尚伦文

法律状态：实审

文摘：本发明为籽末辣椒制品，属于食品领域中的调味品。它主要解决了辣椒制品的食用形式：由单一的含籽辣椒制品，变成了纯籽末类、不含籽末的表皮类、含籽末和表皮的“混合”类的多类辣椒制品。其主要组成是：辣椒籽末、辣椒皮层、畜禽、蔬菜加工成丁、丝、粒体、食用油、盐、鲜味物、香料等。辣椒籽末和表皮粉碎物、畜禽、蔬菜加工的丁、丝、粒体等，分别经油炸熟化并调味，然后根据产品要求，在经熟化调味，分别生产纯籽末的、纯表皮粉碎物的，二者相结合的制品(或含畜禽、蔬菜加工的丁、丝、粒体的制品)，经消毒包装后即为油性辣椒调味品；将籽末辣椒等表皮粉碎物、盐、粉末味精、花椒面按科学的比例均匀混合，消毒检查包装后即为干性辣椒调味品。有益之处为：为市场提供了不含籽粒的多种风味的辣椒调味品，并且口感好，口味佳。

216. 一种调味辣椒粉及其制作方法

申请号：02127965　　公告号：1256039　　申请日：2002年12月3日

申请人：姚希鑫

联系地址：(550004)贵州省安宁医院

发明人：姚希鑫

法律状态：因费用终止公告日：2008年1月30日

文摘：本发明公开了一种调味辣椒粉及其制作方法。它以辣椒、花生仁、芝麻、花椒、辣椒籽、核桃肉、葵花仁、味精和食盐为原料，先精选出干辣椒，用铁锅加少许花生油将辣椒焙熟后粉碎成细粉密封备用，将精选的花生仁、芝麻、花椒、辣椒籽、核桃肉、葵花仁分别烘干后粉碎成细粉密封备用。按上述配比量取各备用的原料细粉与味精和食盐充分混合后，用臭氧消毒1～3小时，采用无菌包装即得成品。本发明不仅具有营养丰富、香辣可口、口感好的优点，而且具有制作工艺比较简单、食用方便的优点；此外，本发明具有辛辣开胃、增进食欲的功效。

217. 从残次辣椒中提取辣椒精的方法

申请号：200310112028　　公告号：1273045　　申请日：2003年11月5日

申请人：广州大学

联系地址：(510000)广东省广州市广园路248号

发明人：樊亚鸣、陈永亨

法律状态：因费用终止公告日：2011年2月2日

文摘：本发明涉及从残次辣椒中提取辣椒精的方法。提取方法包括：用盐酸或硫酸水解残次辣椒全粉，过滤，收集滤渣；氢氧化钠水溶液处理滤渣，过滤；选用乳化剂吐温-60、吐温-65、吐温-80溶液洗涤滤渣2～3次，分别过滤；破坏乳化剂；混合有机溶剂，提取水溶液，分离水相与有机相，有机相浓缩，得辣椒精。该方法能够用整辣椒提取，并减少有机溶剂用量，节约成本；并有利于破坏辣椒粉中的胶体和多糖，降低溶液的黏度，使其中的过滤较易进行。

218. 从红辣椒中萃取兼得辣椒红和辣椒精的工艺

申请号：200610048255　　公开号：101139467　　申请日：2006年9月7日

申请人：河北晨光天然色素有限公司

联系地址：(057250)河北省曲周县曲周县城开发路1号

发明人：卢庆国、李凤飞、连运河、田洪

法律状态：实审

文摘：本发明涉及一种以红辣椒为原料用萃取溶剂萃取兼得辣椒红和辣椒精的工艺。包括以下工艺步骤：①干红辣椒加工，皮籽分离，辣椒皮磨粉做原料；②在萃取器内，按料液比1∶2～8的比例加入萃取溶剂，温度20℃～60℃，萃取2～6小时，过滤，滤渣经脱溶剂后成为辣椒渣，作为副产品；③将上述滤液浓缩，浓缩得到辣椒油树脂，溶剂回收，循环使用；④将辣椒油树脂分离，得到辣椒红色素和辣素，分别脱除溶剂，得到辣椒红色素和辣椒精；⑤包装。进行一次提取可兼得辣椒红和辣素，辣椒综合利用率大大提高，使辣椒红和辣椒精的高效大规模生产得以实现。

219. 辣椒素和色素的微波一次提取法

申请号：02131467　　公告号：1186314　　申请日：2002年10月16日

申请人：高景曦

联系地址：(475002)河南省开封市苹果园小区156楼二单元

发明人：谢渭利、陈丹云、高景曦、李杰、张春、吉欣、仇波

法律状态：因费用终止公告日：2008年12月17日

文摘：本发明公开了一种从干红辣椒中用碱液在微波辐射场中抽提辣椒素，再用极性大孔树脂柱一次将其分离纯化，滤渣用丙酮、乙醇等依文献技术取得色素的方法。该法较有机溶剂法缩短了提取时间几十倍、减少了设备投资和车间面积、能耗少、碱液又可回收重用，是环保型工艺方法，应用于工业生产有明显的效益。

220. 汽液逆流淋漓提取辣椒红色素的方法

申请号：200310105155　　公开号：1544115　　申请日：2003年11月20日

申请人：大连理工大学

联系地址：(116024)辽宁省大连市甘井子区凌工路2号

发明人：任玉杰、李忠义

法律状态：视撤公告日：2006年7月12日

文摘：本发明属于食品技术领域，涉及从辣椒中提取辣椒红的方法，特别涉及采用汽液逆流淋漓提取法从红辣椒中提取辣椒红色素和回收辣椒碱。其特征是：提取液与残渣的分离、提取液中辣椒红粗产品与溶剂的分离在同一套设备中完成，不需压滤、干燥和另外脱溶，减少了工序，不倒料，减少了溶剂的损失，缩短了工艺过程所需的时间，提高了效率。提取和萃取使用同一种溶剂有利于管理和提高经济效益；回收辣椒素降低了红色素的提取成本，出口、创汇前景广阔；减少环境污染，有明显的社会效益。

221. 从红辣椒中提取分离辣椒碱、辣椒红色素和辣椒精粗产品的工艺方法

申请号：200710300024　　公开号：101225052　　申请日：2007年12月21日

申请人：王海棠

联系地址：(471003)河南省洛阳市高新开发区华夏路4号C座2门101房

发明人：王海棠

法律状态：实审

文摘：本发明涉及的从红辣椒中提取分离辣椒碱、辣椒红色素和辣椒精粗产品的工艺方法。是以粉碎成一定粒度的红辣椒为原料，以含水乙醇为提取溶剂，采取三段提取法制备辣椒碱、辣椒精和辣椒红色素3种提取液，使它们在提取阶段即行分离。再将3种提取液分别进行减压浓缩和蒸馏，回收溶剂和除去溶剂残留，可制得辣椒碱、辣椒红色素和辣椒精3种粗产品。本发明是在提取阶段用同一提取罐和同种溶剂即将辣椒碱、辣椒精和辣椒红色素分离，省去了后序工段中辣椒碱和辣椒红色素难分离的麻烦；不用碱溶、酸化处理或柱层析分离工艺，有利于提高辣椒红色素和辣椒碱的产出率。本发明具有工艺简单、易操作控制、设备投资少、溶剂易回收再利用、成本低、周期短、有效成分收率高、更适合工业化规模化生产等优点。

222. 一种辣椒抗疲劳休闲食品的制作方法

申请号：03138035　　公告号：100352367　　申请日：2003年5月30日

申请人：蒋佃水

联系地址：(100080)北京市海淀区中关村三才堂水清木华园4-901

发明人：蒋佃水

法律状态：授权

文摘：本发明公开了一种辣椒抗疲劳休闲食品的制作方法。其质量配比为：微辣辣椒粉10～30份，小麦粉16～32份，蔗糖3～15份，植物油2～10份，大豆蛋白4～8份，动物血浆蛋白3～5份，香菇1～5份，绿茶1～5份，鸡粉1.5～5份，党参0.2～1份，人参0.1～0.5份。本发明的主要工序为充分混合，挤压蒸煮，干燥油炸及调味等。本发明辣椒抗疲劳休闲食品香辣可口，酥脆怡人，食用方便，老少皆宜，富含抗疲劳的功效成分，是一种具有保健功能的新型休闲食品。

223. 辣椒脱辣的方法

申请号：200610051048　　公告号：100417338　　申请日：2006年5月11日

申请人：蒋银华

联系地址：(550002)贵州省贵阳市新寨路42号银盘鑫苑A栋3单元503号

发明人：蒋银华

法律状态：因费用终止公告日：2010年7月28日

文摘：本发明公开了一种辣椒脱辣的方法。包括如下步骤：辣椒去蒂，洗净，入罐；加入2～4倍量的液体，密闭，真空度保持在0.08～0.25兆帕，加温至50℃～98℃，保持10～15分钟，排出液体；重复上述加入液体、加温、排出液体2次；出罐，烘干，灭菌。本方法工艺简单，操作简便，在脱辣的同时能保持辣椒色泽、口感及营养成分。扩大了辣椒的使用范围，使更多的人易于接受，从而增大了辣椒的使用量，为广大农村脱贫致富提供了一条途径。

224. 调整辣椒系列产品辣度的方法

申请号：200310110796　　公告号：1255048　　申请日：2003年10月24日

申请人：贵州老干爹食品有限公司

联系地址：(550018)贵州省贵阳国家高新技术产业开发区顺海工业小区贵州老干爹食品有限公司

发明人：邓承仁

法律状态：因费用终止公告日:2011年2月23日

文摘：本发明公开了一种辣椒系列产品的辣度量化分级新技术，属于辣椒辣度的分级方法。将各地区辣椒分开，分别测定原料辣椒的辣椒素含量，将原料辣椒分级，将测定分级后的原料辣椒用低温间歇式炒制工艺生产辣椒半成品，分别测定辣椒素含量，加入辣椒素晶体进行调整，使成品辣椒素含量达到A级辣度、B级辣度和C级辣度。本发明用辣椒素含量作为辣度分级依据，使辣椒制品的辣度有了量化标准，各个级别辣度的辣椒制品投放市场后，消费者可根据自己的口味选购不同级别辣度的产品，为规范辣椒制品行业标准化奠定了基础，适用于各种辣椒制品。

225. 辣椒食品及其制备方法

申请号：02117672　　公告号：1215789　　申请日：2002年5月14日

申请人：栾守林

联系地址：(100310)北京市顺义区马坡乡荆卷村汇英街9号

发明人：栾守林

法律状态：因费用终止公告日:2010年9月22日

文摘：本发明涉及一种辣椒食品，特别是一种老幼皆宜的营养辣椒食品。属于食品加工领域。技术方案是取含水量20%以下的干红辣椒，切成小段，将辣椒放入50℃～80℃的油中一段时间取出，再将芝麻和花生过油，将辣椒和辅料混入即成。其特征是将干红辣椒在过油前在中草药浸液中浸泡0.5～2小时。本发明的辣椒食品吃起来味道清香，口感清脆，辣味不重，所以老幼皆宜。

226. 一种辣椒食品及其制作方法

申请号：200610076793　　公告号：100574636　　申请日：2006年4月21日

申请人：刘铁

联系地址：(100076)北京市大兴区旧宫镇团忠路建新甲5号

发明人：刘铁

法律状态：授权

文摘：本发明为一种辣椒食品及其制作方法。包括如下原料(按质量计)：辣椒圈1500～2 000份，花生仁2 000～4 000份，芝麻1 500～2 000份，食用油3 000～5 000份，盐100～300份，白砂糖400～600份，味精400～600份，淀粉2 000～3 000份，大葱600～800份。本发明产品的芝麻与辣椒混为一体，香而酥脆，营养丰富，口感好，工艺简单，成本低廉。

227. 红花辣椒丁及其加工方法

申请号：200410094893　　公告号：100358436　　申请日：2004年11月17日

申请人：宏程

联系地址：(830002)新疆维吾尔自治区乌鲁木齐市建设路8号成基大厦8楼

发明人：宏程

法律状态：授权

文摘：本发明提供了一种红花辣椒丁及加工方法。由辣椒丁，红花碎体、食用油、大蒜、洋葱、花椒、食盐、白糖、味精按一定配比制得，主要用于食用，可作为调味品、配菜之用，也可用于拌面、夹馍、小菜食用，是人们日常生活中不可多得的含有红花营养成分的红花辣椒丁调味品。

228. 玫瑰辣椒丁及其加工方法

申请号：200810304183　　公开号：101341970　　申请日：2008年8月26日

申请人：宏程

联系地址：(830002)新疆乌鲁木齐市建设路8号成基大厦805室

发明人：宏程

法律状态：实审

文摘：本发明涉及辣椒酱技术领域，是一种玫瑰辣椒丁及其加工方法。其原料(按质量分数计)组成为：52%泡水辣椒干，5%干玫瑰花粉末，25%熟食用油，3%洋葱丁，12%味精，3%盐。其加工方法：将所需量的泡水辣椒干经过精选、冲洗，在90℃水中漂烫1分钟，再冲洗，通过机器切成辣椒丁，先将所需要量熟食用油的50%加入油锅中加热到180℃，加入辣椒丁和干玫瑰花粉末，炒出香味后，加入洋葱丁、盐进行调味，炒制15分钟后，加入味精混合搅拌均匀，再将所余的50%熟食用油调入，制成玫瑰辣椒丁。本发明克服了传统辣椒丁口味重而营养成分单调的缺陷，并含有独特的玫瑰花营养成分，其营养丰富、口感清香、辣度适中，适用于各个年龄段的人群食用，增强了市场竞争力。

229. 一种干香系列辣椒及其生产方法

申请号：200510003026　　公告号：1326472　　申请日：2005年3月17日

申请人：贵阳白云天宏业食品有限责任公司

联系地址：(550061)贵州省贵阳市白云区长山路

发明人：陈若娜、赵敏澄、李勇

法律状态：因费用终止公告日：2011年5月25日

文摘：本发明公开的是一种干香系列辣椒及其生产方法。其用料为：干辣椒丝、食盐、面粉、茴香、花椒、八角、沙仁、肉桂、山柰、丁香、十三香、味精。其生产方法为：原料准备，定型处理，炒制，包装。同时，生产中添加不同的辅料可得到干香五仁香辣系列，蔬菜干香香辣系列，肉、禽类干香系列辣椒，用以上方法制得的产品，除了可以包装成即开即食食品外，还可用于做菜，可用作凉拌菜的作料，作火锅底料，其味麻、辣、鲜、香，用来下饭、吃面条、米粉或佐酒等，这种产品是一种难得的保健绿色食品。

230. 一种香辣脆辣椒及其生产方法

申请号：200510003039　　公告号：1299600　　申请日：2005年3月31日

申请人：贵阳白云天宏业食品有限责任公司

联系地址：(550061)贵州省贵阳市白云区长山路

发明人：陈若娜、赵敏澄

法律状态：因费用终止公告日：2011年6月8日

文摘：本发明公开的是一种香辣脆辣椒及其生产方法。其用料为：干辣椒段、芝麻、花生、植物油、猪油、食盐、粳米面、陈皮、八角、香叶、白冠、山柰、草果、花椒、十三香、味精。其生产方法为：干辣椒剪切清洗备用，然后填入配料炸制脱水，到七成熟进行处理，再下锅煸炒同时加入备用的配料汁煸炒至熟，然后小火保持余温，放入熟花生仁拌匀出锅，得到成品，冷却后进行包装即得产品。用以上方法制得的产品，除了可以包装成即开即食食品外，还可用于做菜，可用作凉拌菜的作料，其味有麻、辣、鲜、香味，用来下饭、吃面条、米粉或佐酒等，这种产品是一种难得的保健绿色食品。

231. 腌制香脆辣椒及其制备方法

申请号：200710013178　　公开号：101011132　　申请日：2007年1月20日

申请人：刘秀芹

联系地址：(261100)山东省潍坊市寒亭区民主东街40号

发明人：刘秀芹

法律状态：视撤公告日：2010年1月13日

文摘：本发明公开了一种腌制香脆辣椒。所述香脆辣椒由下列原料(按质量计)制成：辣椒1.5千克，黄瓜3.5千克，白糖0.35千克，白酒0.35千克，蒜0.2千克，姜0.2千克，酱油2.5千克，花生油0.15～0.2千克，味精0.1千克，盐0.5千克，花椒0.1千克；本发明具有味道鲜美、香脆、营养价值高，并且制备方法简单的特点。

232. 一种鲜辣椒食品及其制备方法

申请号：200710066317　　公开号：101138407　　申请日：2007年10月25日

申请人：聂鸿

联系地址：(650000)云南省昆明市官渡区福德村一社120号杨明红转

发明人：聂鸿

法律状态：授权

文摘：本发明是一种鲜辣椒食品及其制备方法。所用的原料质量配比为：鲜辣椒600～800份，刺芹120～150份，芫荽100～130份，鲜姜120～150份，大蒜100～130份，八角茴香10～13份，花椒10～15份，葱80～130

份，精盐 300～350 份，鲜味汁 4～6 份，异抗坏血酸钠 0.55～0.75 份。按一定的方法制备而成。本发明的鲜辣椒食品配料独特，各种配料混合后能产生美味口感，具有辣、香、咸味特别清新，微酸，清香味留口余香、开胃、助体力、提神的特点，与现有的同类产品比较，独具特色。

233. 酸辣椒

申请号：200510003289　　**公告号**：100376172　　**申请日**：2005 年 11 月 21 日

申请人：黄菊声

联系地址：(550025)贵州省贵阳市花溪区青岩镇北街 112 号

发明人：黄菊声

法律状态：因费用终止公告日：2011 年 2 月 2 日

文摘：本发明公开了一种酸辣椒，属于辣椒制品。由下列原料（按质量计）按传统方法腌制而成：新鲜红辣椒 30～70 份，生姜 2.5～5.6 份，生大蒜 3～7 份，食盐 3～5.5 份，50°～60°的白酒 4.2～9.8 份，糯米 4.2～9.8 份，新鲜黄豆 6～14 份。本发明具有黏性好、辣椒肉质厚而不化渣且香脆可口等优点，同时，保存时间长，不易变质、变味，是一种理想的调味辣椒制品。

234. 一种酸辣椒的加工方法

申请号：200810069003　　**公开号**：101406276　　**申请日**：2008 年 11 月 24 日

申请人：叶成利

联系地址：(550025)贵州省贵阳市花溪区花溪乡桐木岭村四组

发明人：叶成利

法律状态：授权

文摘：本发明公开了一种酸辣椒的加工方法。将红辣椒洗净沥去多余水分后粉碎，加入红辣椒质量 4%～6%的食盐，混匀，自然发酵 7～10 天，得发酵母料；另取红辣椒洗净沥去多余水分后粉碎，加入占其质量 5%～20%的发酵母料和 3%～5%的食盐，自然发酵 3～5 天，得发酵料 A；在发酵料 A 中加入占其质量 10%～40%的新鲜番茄浆、占新鲜番茄浆质量 3%～5%的食盐，混匀后，自然发酵 3～5 天得发酵料 B；在发酵料 B 中加入占其质量 10%～20%糯米粥，混匀后，自然发酵 3 天以上得发酵料 C；将发酵料 C 磨成浆，加入 0～10%的姜，混匀后即得酸辣酱，封闭保存；将酸辣酱与腌辣椒按0.5～1.5：1比例混合，再加入其总质量0～3%的蒜，混匀后包装即得成品。本发明生产的产品既有辣椒本身的形态和质感，又有自然发酵的传统风味。

235. 清火型辣椒罐头

申请号：200510120874　　公开号：1989849　　申请日：2005年12月28日

申请人：张伟

联系地址：(422100)湖南省邵阳县塘渡口镇沿河街2组6号附4号

发明人：张伟

法律状态：视撤公告日：2010年8月25日

文摘：本发明为一种清火型辣椒罐头，其特征是在辣椒酱中加入绿原酸，本发明解决了食辣椒上火问题。

236. 一种辣椒罐头的制作方法

申请号：200610045224　　公开号：101095498　　申请日：2006年6月27日

申请人：张景梅

联系地址：(256400)山东省淄博市桓台县城法院宿舍2#楼一单元一楼东户

发明人：张景梅

法律状态：视撤公告日：2010年3月17日

文摘：本发明涉及一种辣椒罐头的制作方法。将鲜红辣椒洗净、晾干，绞成碎末、腌制，加入花生油、蒜泥、白砂糖、牛肉末等辅料炒制，装罐杀菌即可。本发明风味独特，使用方便。

237. 椒蒿辣椒丝及其加工方法

申请号：200710200250　　公告号：100546496　　申请日：2007年3月6日

申请人：宏程

联系地址：(830002)新疆乌鲁木齐市建设路成基大厦805号

发明人：宏程

法律状态：授权

文摘：本发明涉及辣椒丝食品及其加工方法的技术领域，是一种椒蒿辣椒丝及其加工方法。该椒蒿辣椒丝各组分质量分数配比为：30%～50%的辣椒丝，10%～20%的椒蒿，20%～30%的食用油，1%的花椒，0.1%的胡椒，2%～5%的味精，3%～5%的盐，5%～10%的酱油，余量为水。本发明在辣椒丝中佐以椒蒿，因椒蒿含有胡萝卜素、维生素C、生物碱、挥发油等营养素，而且挥发油中有桧烯、香叶烯、茴香醛等其他营养素，克服了传统辣椒丝重口味而营养单调的弊端，而且制作工艺简单、独特，口感清香，辣度适中，含有独特的椒蒿营养成分，是辣椒丝中之珍品。

238. 休闲辣椒丝及其制作方法

申请号：200610051089　　公开号：101015332　　申请日：2006年6月9日

申请人：王登红

联系地址：(553000)贵州省六盘水市钟山区人民西路92号

发明人：王登红

法律状态：授权

文摘：本发明公开了一种休闲辣椒丝及其制作方法，属于小吃类食品。由下列原料(按质量计)制成：红干辣椒4 000～6 000份，鸡蛋3 500～4 500份，食盐150～275份，味精75～150份，花椒40～60份，茴香125～175份。其制作方法为：将红干辣椒去蒂、籽，洗净、晾干并剪成丝；与鸡蛋混匀后放入60℃～80℃的精制菜油中炸制15～30分钟取出；将花椒、茴香炒熟粉碎后与食盐、味精混合形成调味粉；将熟辣椒丝与所述调味粉混合均匀后消毒、杀菌，包装人袋即可。本发明香脆可口、辣味适中，既可以作为调味品食用、更可以作为休闲小吃食用。

239. 一种辣椒油的制作方法

申请号：200810082858　　公开号：101518287　　申请日：2008年2月27日

申请人：蒋林哲

联系地址：(132001)吉林省吉林市中兴街36号

发明人：蒋林哲

法律状态：实审

文摘：本发明涉及一种食用辣椒油。它是以黄豆油、辣椒粉为基料加入生姜、大蒜、葱、花椒、八角、桂皮、木瓜、茴香、香菜籽、圆葱、食盐按特定的质量配比配制而成。本产品采用天然原料制成，色香味俱全，不加入任何色素和防腐剂，直接食用十分方便，免去了家庭自己配制的麻烦，且生产工艺和所需设备简单，是一种理想调味品。

240. 一种食用辣椒油

申请号：200710152284　　公开号：101396106　　申请日：2007年9月24日

申请人：韩继红

联系地址：(130031)吉林省长春市朝阳区崇智胡同44号韩继红

发明人：韩继红

法律状态：实审

文摘：本发明公开了一种食用辣椒油的制作工艺：把川椒2 000克、芝麻500克、八角200克、陈皮200克、丁香100克、盐200克磨成粗粉后置于7 000克烧开的豆油内炸熟待凉后装瓶即可。本食用辣椒油有味道奇香、保质期长、口感好的效果。

241. 风味辣椒油的制作方法

申请号：200610107028　　公开号：101142994　　申请日：2006年9月12日

申请人：长葛市天润有色金属研究所

联系地址：(461500)河南省长葛市东城科技工业园区

发明人：李海栓、胡义庭

法律状态：视撤公告日：2010年6月9日

文摘：本发明公开了一种风味辣椒油的制造方法。利用本方法可显著地提高辣椒的利用率，并增强辣椒油的辛辣味。本发明通过下述技术方案予以实现：把辣椒风干；去除里面的杂质及白皮辣椒；干炒，用文火，温度控制在50℃～70℃为宜，时间为3～5分钟，闻之有浓烈的辣椒气味，干炒后的辣椒不焦煳；粉碎，用小钢磨粉碎机即可；浸泡，按辣椒与植物油重量比1∶2为宜，时间为72小时，期间每2～4小时搅拌1次；经压榨后将混合物沉淀澄清3～5小时；过滤即得到风味独特的辣椒油和风味辣椒泥。

242. 纯天然食用鲜辣椒油及其制备方法

申请号：200810302196　　公开号：101297689　　申请日：2008 年 6 月 19 日

申请人：王兵

联系地址：(550001)贵州省贵阳市延安中路 2 号虹祥大厦 18 楼 B 座

发明人：王兵

法律状态：实审

文摘：本发明公开了一种纯天然食用鲜辣椒油及其制备方法。是用鲜辣椒和色拉油制备而成，所制得的辣椒油保持了新鲜辣椒的自然香味和辣味，并且保质期可达 18 个月以上。本发明的鲜辣椒不经过高温烹制，降低了致癌物质丙烯酰胺产生的可能，并且鲜辣椒不经过油炸，所制得的鲜辣椒油属于非油炸食品，更有利于人体的健康，保存了新鲜辣椒更多的营养健康成分。本发明为消费市场提供了一种新的纯天然食用鲜辣椒油，丰富了市场，满足了不同消费人群的需求。

243. 咸味辣椒脯的制作方法

申请号：200610135184　　公告号：100425156　　申请日：2006 年 12 月 29 日

申请人：李明辉

联系地址：(112000)辽宁省铁岭市银州区柴河街龙翔花园小区 17 号楼 2 单元 602

发明人：李明辉

法律状态：授权

文摘：本发明为咸味辣椒脯的制作方法。包括如下步骤：取绿色新鲜尖辣椒，用水洗净，去掉蒂把；用刀把辣椒切成块；把辣椒块放在含有食盐 25%～35%、辛香料 0.1%～0.5%、味素 0.5%～1.5%、其余是水，在水基浸渍液里浸泡 1～5 个小时；捞出盐渍辣椒块，沥出盐渍辣椒块上的水，拌入面粉 20%～30%；把沥水盐渍辣椒块干燥，干燥的方法可用晾晒的方法也可用热风或远红外烘干的方法。用本发明制作的咸味辣椒脯，具有辣味、清香味和咸味，味道好，咸味辣椒脯具有一定的韧性，口感好；咸味辣椒脯防腐性能好，保存的时间长；运输和贮存时不易碎；咸味辣椒脯可以直接作为佐餐食用，也可以油炸后食用。咸味辣椒脯制作方法简单，制作成本较低。

244. 特种调味品辣椒酱

申请号:200810068819　　公开号:101617810　　申请日:2008年7月4日

申请人:务川山仙东升食品有限责任公司

联系地址:(564300)贵州省务川县都濡镇中学路25号

发明人:铁之精、张太群

法律状态:公开

文摘:本发明为特种调味品辣椒酱。它以鲜红辣椒为原料,鲜红辣椒100千克,加入生姜2千克、圆葱2千克、大蒜1千克、山苍子0.2千克,经粉碎磨浆再加入食盐10千克发酵30天,3～5天搅拌1次。发酵后按辣椒酱质量比100千克加入52°白酒2千克拌匀,装入包装桶内,用食品级塑料薄膜将桶口密封,薄膜与桶内装的辣酱液面紧密接触并与桶口上沿形成一凹陷空间,用52°以上的白酒倒入其间,旋紧包装桶上盖起密封、杀菌,实现长期保存。本发明品质稳定,色红鲜亮、不变质变黑,味道一致。可保质3年以上。

245. 调味辣椒酱

申请号:200810072857　　公开号:101558862　　申请日:2008年4月17日

申请人:新疆中亚食品研发中心(有限公司)

联系地址:(830026)新疆维吾尔自治区乌鲁木齐市经济技术开发区厦门路61号办公二楼

发明人:陈其钢

法律状态:实审

文摘:本发明为调味辣椒酱,主要针对中亚地区饮食习惯。原料:鲜辣椒500～1000千克;辅料:苹果丁20～100千克,香辛料0～15千克,花椒油0～40千克;添加剂:饴糖50～300千克,食盐10～30千克,特鲜味素0～5千克,白砂糖0～10千克,纤维素CMC 0～5千克,黄原胶0～5千克,单甘酯0～3千克;鲜辣椒预处理制成半成品酱,与辅料、添加剂一同混合均质,再经过脱气、杀菌后灌装得成品。原料宜选取优质辣椒。原辅料、添加剂配比以及生产工艺经多次试验,并经消费者鉴定其风味独特,咸辣味辣椒酱产品色泽鲜红、酸感适当、发酵味浓、口感细腻,营养丰富,感观较好,生产工艺成熟，产品质量稳定。

246. 一种辣椒酱加工制作方法

申请号：200810233746　　公开号：101444292　　申请日：2008年12月24日

申请人：段丽蓉

联系地址：(675100)云南省楚雄州南华县龙川镇南秀社区居委会东街160号

发明人：段丽蓉

法律状态：实审

文摘：本发明为一种辣椒酱制作方法。本发明配方为每100千克鲜辣椒，加入配料：酱油57～59千克，味精7.4～7.6千克，大蒜2.5～2.6千克，精食盐2.8～3.2千克，八角98～102克，呈味核苷酸二钠(I＋G)200～202克，乙基48～52克，鸡肉粉200～202克，花椒300～305克，山梨酸甲18～22克，脱氧醋酸钠48～52克。加工工艺为：原料分拣→清洗→沥干→剁碎→油炸或腌制→冷却→配料→包装→杀菌→出厂。本发明具有口味温和，对肠胃没有刺激，不会使人上火，鲜味尤佳的显著优点。

247. 一种酱辣椒及其制备方法

申请号：200710065675　　公开号：101011133　　申请日：2007年2月13日

申请人：王雪飞

联系地址：(650000)云南省昆明市盘龙区佳园小区茶苑3幢3单元402室

发明人：王雪飞

法律状态：视撤公告日：2010年1月27日

文摘：本发明为一种酱辣椒及其制备方法。它以炮弹辣椒为原料，每100质量份炮弹辣椒，加入配料：水42～48份，酱油30～38份，食盐2～3份，食用醋3～6份，白糖10～15份，糖精0.06～0.08份，腌制后得到。本发明的酱辣椒与现有的酱辣椒相比较具有以下优点：香脆开胃，不会皮肉分离，辣味适中，口感良好，特别是与肉类同时食用，能抑制肉类的腻味。

248. 一种辣椒酱及其制作方法

申请号：01127538　　公告号：1137632　　申请日：2001年10月8日

申请人：张洪国

联系地址：(264002)山东省烟台市芝罘区幸福南路2号

发明人：张洪国

法律状态：因费用终止公告日:2006年12月6日

文摘：本发明公开了一种辣椒酱及其制作方法，属佐餐食品及制作方法。其组分(按质量计)配比为：黄豆15～25份，辣椒1～2份，花生仁10～20份，芝麻0.2～0.5份，葱0.4～0.6份，姜0.1～0.3份，盐2.5～5份，花椒0.08～0.15份，八角0.08～0.15份，香菜0.1～0.3份，大蒜0.1～0.3份，人参酒0.3～0.8份，味精0.1～0.12份，水适量。配方中的人参酒是由0.5～1份人参在10～15份的白酒中浸泡15～20天，过滤制得，分别将辣椒、黄豆、花生仁、芝麻用自来水清洗干净，烘炒，研磨过滤成粉，将花椒烘炒研磨过滤成粉，将葱、姜香菜、大蒜洗净与大茴香一起用纱布包好，投到加热釜中加热，加一定量的水然后加温。当水开后，将纱布袋取出，将黄豆粉、花椒粉、辣椒粉、花生仁粉、芝麻粉一起用自来水调匀，倒入釜中加热熬煮成糊状，加入食盐调匀为初级酱，当温度降到常温，加入人参酒搅拌均匀成为辣椒酱。

249. 朝鲜族辣椒酱及其制作方法

申请号：200710072281　　公开号：101057657　　申请日：2007年5月30日

申请人：叶勇君

联系地址：(150080)黑龙江省哈尔滨市南岗区白家卜西三道街6-12号

发明人：叶勇君

法律状态：授权

文摘：本发明为一种朝鲜族辣椒酱及其制作方法。针对现有的辣椒酱口感差，无朝鲜族辣椒酱所特有的风味问题。朝鲜族辣椒酱的主料的原料配比为：辣椒粉25～30份，苹果15～20份，梨8～10份，海米1～2.5份，大蒜3～6份，生姜2.5～3.5份，排骨猪肉香精0.8～1.2份，味精3～4份，食盐8～10份，防腐剂0.02～0.04份；配料的原料配比为：豆油25～30份，花椒0.3～0.6份，八角0.3～0.6份，苹果0.1～0.3份，丁香0.05～0.15份，大葱2～3份，生姜1～2.5份。将主料中的苹果、梨打汁并与其余主料搅拌，将豆油烧开，向热油中加入其余配料，炸成金黄色捞出，把拌好的主料倒入料油中翻炒至辣椒变成黑红色。本发明具有色泽好、口感好、营养丰富、制作方法简单的优点。

250. 一种浓郁鲜香辣椒酱

申请号：200810028612　　公开号：101283777　　申请日：2008年6月10日

申请人：黎秋萍

联系地址：(528300)广东省佛山市顺德区大良环市东路富民楼A座505号

发明人：黎秋萍

法律状态：授权

文摘：本发明为一种浓郁鲜香辣椒酱，属调味料食品的加工技术领域。本发明的原材料是以新鲜的红辣椒、蒜瓣、乙酰化二淀粉磷酸酯、β-环状糊精、EM原露、味精、食盐等加工而成。本发明采用微生物EM原露稀释液分解其辣椒的残留农药，去除其苦涩味，加入β-环状糊精去除异味，增加辣椒的香辣甜味，采用文火炒辣椒与蒜粒，使其充分发挥天然辣椒蒜粒的新鲜浓郁香辣味，大大提高了产品质量，是营养丰富、色香味俱全的调味佳品。

251. 一种发酵辣椒酱及其制备方法

申请号：200710201007　　公开号：101238875　　申请日：2007年7月5日

申请人：贵州大学

联系地址：(550003)贵州省贵阳市蔡家关

发明人：邱树毅、王广莉、吴鑫颖、苏展、王培苑

法律状态：实审

文摘：本发明公开了一种发酵辣椒酱及其制备方法。其生产过程包括：新鲜红辣椒清洗切块，热烫、打浆，加入姜、蒜、番茄、胡萝卜、食盐等配料进行调配、杀菌，然后接种霉菌或酵母菌或霉菌和酵母菌的复合菌进行酒精发酵，酒精发酵结束后杀菌，再次接种醋酸菌进行醋酸发酵，最后加入甜味剂和增稠剂匀质后罐装成品。原料辣椒热烫后还可以不打浆而在随后的调配过程中加入钙盐而得到本发明的产品。本发明的发酵辣椒产品辣味柔

和、咸酸甜辣适口、整个口感柔和悠长，富有发酵香味。本发明可以快速生产发酵辣椒产品，产品质量好且稳定、风味佳、不含防腐剂安全性高，适合工业化大规模生产，有很好的市场应用前景。

252. 一种以鲜红辣椒为主料的三鲜酱菜的制作方法

申请号：200710105611　　公开号：101116491　　申请日：2007年4月27日

申请人：安增旺

联系地址：(741600)甘肃省天水秦安县安家河41号

发明人：安增旺

法律状态：授权

文摘：本发明是一种以鲜红辣椒为主料的三鲜酱菜的制作方法，涉及酱菜的制作方法。通过新的制作方法改变惯用的鲜菜贮存和酱制程序，实现保持鲜菜的原有品味和营养成分的目的。本发明的操作程序为：先准备原料，主料鲜红辣椒，辅料鲜姜和大蒜，15种配料和6种调料，备齐后混合装入容器，压榨后加入食用油少量，封闭容器，进行酱制，经过翻搅再密封酱制，30余天后，酱制结束，然后开启容器，分装、杀菌、抽真空后封口，制作过程全部完成。本发明用于对新鲜蔬菜的酱制和保鲜贮存，不仅适用于辣椒，亦可用来酱制贮存其他新鲜蔬菜。

253. 一种清酱辣椒加工方法

申请号：200710190215　　公开号：101438819　　申请日：2007年11月22日

申请人：丁维刚

联系地址：(221600)江苏省沛县河口镇丁楼192号

发明人：丁维刚

法律状态：撤回公告日：2009年6月17日

文摘：本发明涉及一种调味品的制作方法，特别是一种清酱辣椒加工方法。其工艺流程为：选料→去柄→扎孔→盐腌→倒缸→沥盐水→酱油泡→成品。酱辣椒中含有蛋白质、脂肪、维生素 B_2、维生素C、胡萝卜素等营养成分，营养价值较高，而且是咸、辣、甜三味相谐而成。

254. 以腌鲜辣椒为主料的辣椒食品及制备方法

申请号：200810024095　　公开号：101283769　　申请日：2008年4月28日

申请人：王华

联系地址：(243000)安徽省马鞍山市佳山新村36栋301室

发明人：王华

法律状态：实审

文摘：本发明公开了一种以腌鲜辣椒为主料的辣椒食品。所用的原料及其质量配比是：腌鲜辣椒4 000～6 000克，小米椒500～1 000克，植物油3 000～6 000克，大蒜20～50克，山梨酸钾2～3克，苯甲酸钠2～3克，食用盐30～100克，味精30～60克，鸡精20～50克，豆豉30～100克，并按一定的方法制备而成。本发明辣椒食品配料独特，椒香浓郁、原汁原味、回味悠长，较好地保留了辣椒中的营养成分。

255. 一种鲜泡辣椒及其制备方法和应用

申请号：03135471　　公告号：1219457　　申请日：2003年7月22日

申请人：王桂珍

联系地址：(653101)云南省玉溪市北城东门外腾霄路113号

发明人：王桂珍

法律状态：因费用终止公告日：2010年10月27日

文摘：本发明公开了一种鲜泡辣椒及其制备方法和应用。按质量计，是以8～12份的优质新鲜红辣椒为原料，清洗干净并晾干；用竹签在辣椒上戳几个小孔，装入罐中待用；将1.2～1.6份的食盐放入炒锅中，在90℃～110℃条件下翻炒15～25分钟；然后加入8～12份的水；同时加入食用糖和调味料，将水煮沸3～5分钟，然后倒入所述的装有鲜辣椒的罐中并封口，经5～7天即为所需的鲜泡辣椒。本发明保鲜效果显著，不易生白斑，便于保存和运输；且不添加任何防腐剂，有益健康。

256. 健康油辣椒的制备方法

申请号：200810300699　　公开号：101243860　　申请日：2008年3月25日

申请人：吴承霖

联系地址：(550002)贵州省贵阳市护国路五十号大院

发明人：吴承霖

法律状态：公开

文摘：本发明提供了一种健康油辣椒的制备方法。以克服现有技术中高温烘烤、烘炒或者煎炸工艺会产生有致癌可能性的丙烯酰胺的缺陷，将制备油辣椒的主料和配料混合或分别采用真空低温设备烹制，从根本上消除了高温煎制积聚热量多、容易上火及高温煎炸容易产生致癌物质丙烯酰胺等不良后果的产生条件，达到了“低温烹制防癌不上火”的目的。真空低温设备的应用还可以有效地防止辣椒褐变、氧化等，避免营养成分的损失和破坏，保持了油辣椒的天然色泽和风味以及传统油辣椒的煎炸香味。

257. 辣椒膏及其制作方法

申请号：200710121324　　公开号：101116496　　申请日：2007年9月4日

申请人：王文军

联系地址：(101100)北京市通州区翠屏北里九号楼561A室

发明人：王文军

法律状态：视撤公告日：2011年5月11日

文摘：本发明涉及一种辣椒膏及其制作方法。其中该辣椒膏主要由以下组分(按质量计)构成：辣椒10～20份，植物油5～10份，冰糖2～6份，蔬菜和/或水果泥20～25份，食盐4～8份，茴香粉0.1～0.2份，花椒粉0.1～0.2份，酱油2～5份，生姜粉0.2～0.4份。通过以下步骤制成：将鲜辣椒磨成泥或将干辣椒磨成大于80目的粉，加入植物油、冰糖、食盐、茴香粉、花椒粉、酱油、生姜粉，以及蔬菜泥和/或水果泥，并辅助加入水使得成为膏状，搅拌均匀，100℃加热10分钟，密封1小时，降温后得到辣椒膏。本发明的辣椒膏不仅便于携带，而且便于食用，方便卫生。

258. 红辣椒制备辣椒红粉末的方法

申请号：200810014068　　公开号：101248865　　申请日：2008年1月25日

申请人：山东天音生物科技有限公司

联系地址：(255086)山东省淄博市张店区科技工业园三赢路东首

发明人：范宗春、刘温来、刘贤军

法律状态：实审

文摘：本发明为红辣椒制备辣椒红粉末的方法，可作为食品添加剂的着色剂，亦可以作为饲料添加剂。包括红辣椒经过烘干机烘干，用粉碎机粉碎至60～80目的辣椒粉；把辣椒粉加入压力浸提罐内，加入消泡剂和抗氧化剂，抽真空至－0.06～－0.1兆帕，加入经过压缩的4号溶剂油，保持浸提压力为0.3～1兆帕，浸提时间20～60分钟，重复提取3～6遍，得到混合油，经过加热减压浓缩，得到辣椒红树脂；辣椒红树脂与碱溶液混合，加热皂化，得到皂化辣椒红树脂；皂化辣椒红树脂与吸附剂按1∶0.4～10的质量比混合得到辣椒红粉末产品；辣椒红粉末进入流化床淀粉包埋。本产品具有流动性好、质量稳定、收率高、无污染等优点。

259. 膨化辣椒

申请号：200810045927　　公开号：101347215　　申请日：2008年8月29日

申请人：魏铭佐

联系地址：(621000)四川省绵阳市涪城区临园路西段6号3栋2单元5楼1号

发明人：魏铭佐

法律状态：授权

文摘：本发明为一种膨化辣椒，涉及一种经过膨化后的休闲食品。本发明的目的是为了提供一种作为日常生活中的休闲食品的膨化辣椒。膨化辣椒各组分质量分数为：辣椒粉50％～80％，精炼植物油3％～8％，淀粉5％～20％，变性淀粉3％～15％，玉米粉2％～4％，食用盐1％～2.5％，白糖1.2％～2.0％，谷氨酸钠0.8％～1.5％，复合香辛料0.2％～0.6％，乳化剂0.8％～1.3％，抗氧化剂0.8％～1.3％。本发明主要应用于膨化辣椒的制作。

260. 杂辣椒的加工工艺

申请号：200810069705　　公开号：101584444　　申请日：2008年5月20日

申请人：文跃辉、杨灵琴

联系地址：(401147)重庆市渝北区龙溪镇花卉西路82号1-2-3-4

发明人：文跃辉、杨灵琴

法律状态：公开

文摘：本发明涉及一种用辣椒、带淀粉质的粮食、豆类、肉类、食用精盐、食用动植物油、食用香料、发酵剂、保鲜剂等辅助用剂，采用发酵和/或腌制的方法生产出绿色粮食食品杂辣椒的生产加工工艺。其生产工艺流程有食品原料的选择及制取、食品的味型调配(制)、制取成熟食品、灭菌保鲜、工业化封包贮藏。该工艺生产的杂辣椒食品含有丰富的氨基酸、维生素、蛋白质、钙及各种微量元素，可单独作为菜品食用，同时也可作调味品用。该工艺可实现杂辣椒系列和同类型绿色粮食食品的工业规模化生产成半成品和各种成品，方便旅游携带及家用。

261. 香辣椒面的制备方法

申请号：200810069993　　公开号：101627818　　申请日：2008年7月18日

申请人：肖向前

联系地址：(400050)重庆市九龙坡区马王乡龙泉村39栋3单元4-1号肖祖碧转

发明人：肖向前

法律状态：实审

文摘：本发明为香辣椒面的制备方法，涉及一种天然调味品辣椒面的制备方法。所要解决的技术问题是提供一种添加有特殊香味且香味持久的香辣椒面的制备方法。解决其技术问题的技术方案，包含制备加香料粉、炒熟加香料粉、将加香料香味炒入辣椒、从辣椒中除去加香料粉及将辣椒剁碎为辣椒面的步骤；加香料的组成成分为柏树枝、柏树叶、油菜秆及油菜籽壳，其质量配比为1～10∶1～10∶1～10∶1～10。本发明应用于制备香辣椒面。有益效果是，所制备的辣椒面，具有柏树枝叶和油菜籽的香味，香味浓郁持久，作为调味品，能制作出具有特殊风味的菜肴。

262. 一种用辣椒制备开味菜的加工方法

申请号：200810246097　　公开号：101491320　　申请日：2008年12月24日

申请人：柳洪儒

联系地址：(236000)安徽省阜阳市颍州区文峰办事处清河东路富康巷

12号12户1号

发明人：柳洪儒

法律状态：实审

文摘：本发明为一种用辣椒制备开味菜的加工方法，属于食品加工技术，尤其是一种用辣椒制备开味菜的加工方法。其加工方法是：以辣椒为主，配以一定比例的蔗糖、白醋、蜂蜜、甜味素等副料配制而成的调味水。依次按照以下步骤进行：选料清洗，去蒂去籽，油炸，冷却去皮，调味水浸泡，包装即可。本发明上述方案得以实施之后，其所具有的加工方法科学合理，易于正确掌握，加工成本较低，产品的颜色鲜艳，晶莹透亮，食用起来鲜嫩清脆，不塞牙，老少皆宜，且具有解酒开胃的功能。

六、竹笋、芦笋加工技术

263. 春笋腌制加工工艺

申请号：00126175　　公告号：1122453　　申请日：2000年8月25日

申请人：黄能培

联系地址：(335400)江西省贵溪市雷溪乡罗塘食品站

发明人：黄能培

法律状态：因费用终止公告日：2006年10月25日

文摘：本发明涉及一种春笋腌制加工新工艺。其特征是将腌制的春笋切碎后加入辣椒粉、生姜、大蒜、味精、白糖、植物油等辅料，经混合、搅拌均匀、灌装、封口、消毒、包装而成。本发明具有色泽鲜艳、香白如玉等特点，深受消费者欢迎。

264. 用竹笋干生产即食竹笋的方法

申请号：01114708　　公开号：1318320　　申请日：2001年5月18日

申请人：华南农业大学

联系地址：(510642)广东省广州市天河区五山

发明人：李远志、范绍凯、邓瑞君

法律状态：视撤公告日：2004年7月14日

文摘：本发明为一种用竹笋干生产即食竹笋的方法，包含竹笋干的挑选、清洗、真空渗透回软、漂白、硬化、切丝、热烫、调配、包装、杀菌工序。其特征在于将清洗后的竹笋干置于真空渗透装置中回软，并在浸泡液中添加漂白剂和硬化剂，使原料基本恢复原来的白色和爽脆度。本方法具有可以常年生产、产品风味好、耐贮藏、食用方便等优点。

265. 一种速食笋片的生产方法

申请号：02134890　　公告号：1203780　　申请日：2002年9月27日

申请人：黄波明

联系地址：(515500)广东省揭东县曲溪圩埔工业区揭东县康明保健品有限公司内

发明人：黄波明

法律状态：因费用终止公告日：2006 年 11 月 22 日

文摘：本发明公开了一种速食笋片的生产方法。该方法依以下步骤进行：①去壳；②切片；③蒸熟；④烘干。本发明生产的速食笋片呈片状，与其他一些肉、骨头熬煮后，既能保持新鲜竹笋原有的风味，又味美可口；本发明生产方法、工艺过程及设备简单，成本低，是一种简单易行、经济效益和社会效益都比较显著的速食笋片生产方法。

266. 盐渍竹笋脱硫及其废液回用处理方法

申请号：200310110726　　公开号：1528186　　申请日：2003 年 10 月 10 日

申请人：重庆大学

联系地址：(400044)重庆市沙坪坝区沙正街 174 号重庆大学科研处

发明人：周小华

法律状态：视撤公告日：2006 年 3 月 8 日

文摘：本发明为一种盐渍竹笋脱硫及其废液回用处理方法，涉及竹笋脱硫及含连二硫酸钠废液回用处理方法。本发明是在盐渍竹笋生产过程中采用真空抽滤法脱硫，能高效快速地脱去回收竹笋中的 $Na_2S_2O_4$ 且不破坏竹笋的牙黄本色、鲜嫩的品质及自然形状，并节约生产用水 60%～70%，节约脱硫时间 2/3 以上，大大缩短了盐渍竹笋的生产周期，降低了生产成本。用本发明处理脱硫废液，能回收利用 $Na_2S_2O_4$ 和水资源及阴离子交换树脂，进一步降低生产成本，不污染环境，有利于环境保护。本发明方法简单，易于实施，是生产盐渍竹笋最佳的脱硫及其废液回收处理方法。

267. 泡笋加工工艺

申请号：200410017591　　公开号：1679410　　申请日：2004 年 4 月 6 日

申请人：景宁畲族自治县大自然食品有限公司

联系地址：(323500)浙江省景宁人民北路工业区

发明人：张晓荣

法律状态：视撤公告日:2007 年 12 月 19 日

文摘：本发明为一种泡笋加工工艺，属于毛竹笋加工领域。采用将竹笋连壳预煮，然后用冷水冷却至常温后再去壳、整形、洗净装入铁罐，灭菌后成半成品贮藏，之后开罐切片并晾干表皮水分，放入油锅炸至金黄色，再加入辅料烹煮的工艺，省略了 pH 值调整工序(即鲜笋浸泡在淡水和盐水中若干小时，以使鲜笋变咸利于保存的老工艺)，保持了鲜笋的原味，克服了季节性加工的瓶颈，延长了鲜笋的生产期限，大大提高了产品的产量和质量，是春笋加工行业的一项突破性新技术。

268. 美味笋的制作方法

申请号：200410071162　　公开号：1726808　　申请日：2004 年 7 月 30 日

申请人：雷霖生

联系地址：(353100)福建省建瓯市水南中渡开发区福建建瓯颖食物产有限公司

发明人：雷霖生

法律状态：视撤公告日:2009 年 3 月 11 日

文摘：本发明为美味笋的制作方法，涉及食品加工技术领域。它以罐装春笋为原料加工制成袋装美味笋，其生产工艺流程为:开罐→切分→发酵→净化→漂洗→脱水→调味→装袋→加调味油→真空封口→杀菌→冷却→晾干→入库。加工过程中不用添加剂，用乳酸菌进行发酵，发酵后用淡盐水对成品进行净化处理，装袋封口后用高温水进行水浴杀菌处理。用本发明方法制作出的美味笋能保持鲜笋的脆、香味，对人体没有危害性，是纯天然绿色营养食品，并且口感好，产品附加值高，而且产品的保鲜期大大延长，可达 15 个月之久。

269. 软包装苦笋的制作方法

申请号：200410071163　　公开号：1726809　　申请日：2004 年 7 月 30 日

申请人：雷霖生

联系地址：(353100)福建省建瓯市水南中渡开发区福建建瓯颖食物产有限公司

发明人：雷霖生

法律状态：视撤公告日：2009 年 3 月 11 日

文摘：本发明为软包装苦笋的制作方法，涉及食品加工技术领域。它以新鲜苦笋为原料加工制成软包装苦笋。其生产工艺流程为：选料→杀青预煮→冷漂→剥壳→修整去衣→清洗→装罐→调酸→预贮存杀菌→净化→装袋→加汤汁→真空封口→水浴杀菌→冷却→入库。加工过程中，不用添加剂保鲜，通过杀青预煮、静置发酵、成品净化、二次杀菌等新工艺技术达到自然保鲜。用本发明方法制作出的软包装苦笋，保持自然苦笋色，苦味轻，笋肉脆而香，口感好，产品的附加值大大提高，而且产品的保鲜期很长，可达 10 个月以上。

270. 从竹笋中提取的植物甾醇类提取物及其制备方法和用途

申请号：200410099219　　公开号：1796400　　申请日：2004 年 12 月 29 日

申请人：杭州浙大力夫生物科技有限公司、福建建瓯颖食物产有限公司

联系地址：(310012)浙江省杭州市文三路 388 号钱江科技大厦 1309

发明人：张英、陆柏益、吴晓琴、梁艳

法律状态：授权

文摘：本发明公开了一种从竹笋中提取的竹笋甾醇提取物及其制法和用途。本发明竹笋甾醇提取物含有 5%～50%总甾醇，并且在总甾醇中的β-谷甾醇含量为 10%～40%，β-谷甾醇、豆甾醇、芸薹甾醇之间比例为 10～40：1～3：2～5。本发明的竹笋甾醇提取物具有良好的消炎、抑制白血病细胞增生等功效，可用于化妆品、食品、保健品、药品领域。

271. 竹笋氨基酸肽类提取物及其制备方法和用途

申请号：200510025443　　公开号：1854121　　申请日：2005 年 4 月 27 日

申请人：杭州浙大力夫生物科技有限公司

联系地址：(310012)浙江省杭州市文三路 388 号钱江科技大厦 1309

发明人：张英、陆柏益、吴晓琴、洪辉

法律状态：授权

文摘：本发明公开了一种竹笋氨基酸肽类组合物，其中氨基酸总量（以干基计）一般在 10%～50%，而氨基酸中游离氨基酸含量占 5%～40%；氨

基酸组成以酪氨酸、丝氨酸、天门冬氨酸、谷氨酸、丙氨酸、苯丙氨酸、缬氨酸等为主，并含有丰富的δ羟基赖氨酸。本发明竹笋氨基酸肽类提取物具有良好的感观品质和浓郁的鲜味，可广泛用于功能性食品、饮品和调味品等。

272. 不去壳竹笋罐头的加工工艺

申请号：200510028089　**公告号：**100391348　**申请日：**2005年7月22日

申请人：张永成

联系地址：(315500)浙江省奉化市西环路51幢-5A

发明人：张永成

法律状态：授权

文摘：本发明公开了一种不去壳竹笋罐头的加工工艺，克服了现有竹笋产品口味差、缺乏原汁原味感觉的缺陷和不足。它包括原料筛选、清洗、切段分类、加热预煮、装罐、灌汤、封盖、杀菌、静置稳定和包装等工序。在加热预煮工序中，将不去壳竹笋分层并排于夹层锅内加热；在装罐工序中，自然冷却至35℃～45℃时装于空罐头体内；在灌汤工序中，汤汁温度≤75℃时灌入罐体；在封盖工序中，真空度要求0.035兆帕以上；在杀菌工序中，预热15分钟后加热至121℃，恒温1小时后，打反压、注入冷却水，冷却至40℃出杀菌缸；在静置稳定工序中，在≤30℃的室温下静置10天。应用本发明工艺，达到了调剂竹笋上市旺季的市场供需矛盾，有利于增加笋农收入以及供应外贸出口所需。

273. 一种酸辣苦笋加工方法

申请号：200510049041　**公告号：**100349528　**申请日：**2005年2月2日

申请人：余学军

联系地址：(311300)浙江省临安市锦城镇人民广场东侧科技大楼胡学明转

发明人：余学军

法律状态：因费用终止公告日:2009年4月8日

文摘：本发明涉及一种食品加工方法，尤其是苦笋的加工制作方法。所要解决的技术问题是提供一种苦竹笋的加工方法，该方法能有效利用资源，并具有产品口味好、制作工艺较简单、成本又低的特点。采用的技术方案是：一种酸辣苦笋加工方法，按以下工序依次操作：①切根、剥壳；②切片或切丝；③蒸煮、调味，即按每50千克竹笋加盐4.5～5.5千克，清水30～50千克，煮40～60分钟，以竹笋煮熟入味为度；捞出沥干冷却后，加入白糖3～5千克的比例拌匀后压实1～2天，然后捞取出苦笋加鸡精400～500克、腌制好的辣椒片8～10千克拌匀，再加入食用白醋2.0～2.7千克调味。另外，还可进行装罐、排气密封、杀菌等制罐加工。在所述的切片或切丝前按苦笋基部的直径大小分级。

274. 一种制造原味笋的方法

申请号：200610043663　　公开号：101053388　　申请日：2006年4月14日

申请人：郑金池

联系地址：(361000)福建省厦门市湖里区芙蓉苑嘉园路177号301室

发明人：郑金池

法律状态：授权

文摘：本发明公开了一种制造原味笋的方法。其工艺主要是将采收的笋放到高压锅以100℃煮熟杀青，于出锅后去笋壳(也可不去笋壳)置入清水洗涤，洗涤后的笋装入马口铁桶约半桶，并加入碱性水后，将马口铁桶置入高压蒸汽炉的高温加热30～60分钟进行杀菌，以杀死微菌及其他易腐败的细菌，同时并有抑制氧化的作用。完成前述高温加热程序后，在无菌室中将笋直接置入真空桶中将其抽真空，并将抽成真空状态的真空桶置放7～10天，使存在笋内的活化细胞及细菌类等因长时间缺氧而完全死亡，然后再由真空桶内取出笋以真空包装，进而使笋可存放约1年的时间，无需冰鲜冷藏，使笋不酸化并保持原味。

275. 一种竹笋加工方法

申请号：200610049868　　公开号：1817191　　申请日：2006年3月15日

申请人：罗春媄

联系地址：(311300)浙江省临安市锦城街道城中花园16幢1单元201室

发明人：罗春媄

法律状态：视撤公告日：2010年7月21日

文摘：本发明涉及一种竹笋的加工制作方法。本加工方法能显著改善竹笋的食用口味，又能更有效地保存竹笋，并具有产品外观好、制作工艺较简单、成本又低的特点。其工序为：①预处理：将鲜竹笋去根、洗净；②煮熟：洗净后的竹笋带壳水煮，然后立即强制冷却至25℃；③发酵：将煮熟后的带壳笋整齐叠放在容器内用薄膜覆盖，并加重物施压，待其自然发酵，调节pH值；④漂洗复涨：把发酵过的带壳笋在清水中浸泡，调节pH值。

276. 一种竹笋膳食纤维口嚼片及其制备方法

申请号：200610052626　　公开号：101112238　　申请日：2006年7月26日

申请人：胡林福、陈永健

联系地址：(313300)浙江省安吉县山河乡马吉村十七组

发明人：胡林福、陈永健

法律状态：实审

文摘：本发明涉及竹笋膳食纤维口嚼片及其制备方法。该口嚼片包括：竹笋膳食纤维粉30%～65%，甘露醇10%～40%，山梨醇15%～40%，苹果酸1%～5%，阿斯巴甜0.3%～0.6%。本发明的竹笋膳食纤维口嚼片具有良好的降脂、降糖、减肥、通便等功能，使用方便，易于吸收。经常足量摄入，能有效预防高血脂、肥胖及糖尿病等现代化文明病。

277. 一种竹笋膳食纤维粉的制备方法

申请号：200610052627　　公开号：101112239　　申请日：2006年7月26日

申请人：胡林福、陈永健

联系地址：(313300)浙江省安吉县山河乡马吉村十七组

发明人：胡林福、陈永健

法律状态：实审

文摘：本发明涉及一种竹笋膳食纤维的制备方法。该方法包括将竹笋前处理，然后经乙醇提取、碱液提取和酸液提取，再干燥、粉碎、超微粉碎得到。本发明利用竹笋生产企业废弃的笋头笋壳为原料，使竹笋的可利用率大大提高，同时在很大程度上减少了废弃物的排放，生产的竹笋膳食纤维的成本低。得到的膳食纤维粉的持水性及吸油性大大优于普通的膳食纤维产品。同时膳食纤维的纯度也显著优于已报道的现有技术。产品的粒度达到

400目以上,提高了膳食纤维产品的适口性,入口无残渣,可作为膳食补充剂、药品填充剂、功能性食品等。

278. 竹笋粗多糖在保健食品制备中的应用

申请号:200610154477　　公开号:1969682　　申请日:2006年11月2日

申请人:浙江大学

联系地址:(310027)浙江省杭州市西湖区浙大路38号

发明人:杨志坚

法律状态:驳回公告日:2010年8月25日

文摘:本发明涉及竹笋粗多糖在制备具有免疫调节功能保健食品中的新用途。本发明以竹笋或其干制品笋干为原料,提取其中的粗多糖,将其作为活性成分与食品工艺上可接受的其他原料及辅料开发成相宜的具有免疫调节功能的保健食品制剂,如胶囊剂(软胶囊、硬胶囊)、滴丸剂、片剂、颗粒剂、散剂、口服液等。实验证明竹笋粗多糖在体外促进细胞免疫的功能方面有良好效果,且毒副作用小,有着良好的开发应用前景。

279. 一种不水煮嫩笋制品的制备方法

申请号:200610154836　　公开号:1965661　　申请日:2006年11月27日

申请人:徐春根

联系地址:(310012)浙江省杭州市西湖区文一西路176号湖畔花园北区14幢1单元201室

发明人:徐春根

法律状态:授权

文摘:本发明涉及一种嫩笋制品的制备方法。采用以下步骤:①选料,选取新鲜的竹笋;②清洗后按大小分级整理后,去老头;③装袋、称重后,真空包装封口;④高温杀菌:温度:80℃~125℃;时间:10~180分钟;⑤降温后,常温检测10~30天。采用上述技术方案,由于鲜笋没有经过水煮,鲜笋的营养基本没有流失,所制得的鲜笋中的各种营养成分得到充分保护。它改变传统的用水煮或用盐腌制的加工方法,而采用先装袋真空包装后高温杀菌,并且在常温下检测10~30天,检测包装袋有没有微孔,不仅安全卫生,而且最大限度地保持了嫩笋的外观色泽和内在的营养成分,又具有现代流行风味，适合一年四季食用。本发明可按不同产品的需要加工成笋干、笋片等多种笋制品。

280. 一种竹笋膳食纤维组合保健食品及其生产方法

申请号：200710052883　　公开号：101124998　　申请日：2007年8月2日

申请人：湖北大学

联系地址：(430062)湖北省武汉市武昌区学院路11号

发明人：陈勇、赵妍、张毅、杨前程

法律状态：视撤公告日：2011年4月13日

文摘：本发明公开了一种竹笋组合膳食纤维的制备方法，属于食品技术领域。该膳食纤维以优质嫩竹笋及其根部、大豆为主要原料，并在其中加入了魔芋葡苷聚糖，以提供人体健康所需的营养保健成分，所得到的产品富含膳食纤维、植物蛋白质、矿物质及多种营养成分，是一种以膳食纤维为主要成分、具有明显减肥、降糖等保健作用的功能食品。本发明组合物含有竹笋膳食纤维、大渣粉、魔芋葡甘聚糖和常规的食品添加剂、β-环状糊精、麦芽糖醇。

281. 废弃笋壳酶解制备功能性膳食纤维的方法

申请号：200710069717　　公开号：101077197　　申请日：2007年6月26日

申请人：浙江大学

联系地址：(310027)浙江省杭州市西湖区浙大路38号

发明人：贾燕芳、石伟勇、余巍、倪亮、汤少红、罗光恩、何延、蒋玉根

法律状态：授权

文摘：本发明公开了一种把废弃笋壳酶解制备功能性膳食纤维的方法。它包括把竹笋加工后废弃的笋壳经清洗粉碎或烘干粉碎，脱脂；脱脂后的笋壳加入pH值4.5～5.5的磷酸盐缓冲液15～20毫升/克（笋壳干物重）和酶浓度为0.5%～1%、酶活为5～10单位/毫升的纤维素分解酶液，在100～120转/分钟、50℃～60℃条件下，酶解1～2小时，脱色，真空干燥，得到笋壳功能性膳食纤维。本发明技术简单合理，有效利用了笋壳中的纤维资源，提高了笋壳中可溶性膳食纤维含量，用本发明可以开发出高品位竹笋产品，提高竹笋加工业的经济效益。同时，本发明有效地解决了笋壳堆置

腐烂造成的一系列环境污染问题。

282. 手撕笋加工方法

申请号：200710070137　　公开号：101347214　　申请日：2007年7月20日

申请人：郑国海

联系地址：(311700)浙江省淳安县千岛湖镇曙光路66号

发明人：郑国海、郑国云

法律状态：授权

文摘：本发明涉及一种手撕笋加工方法，属于速食食品加工的技术领域。它包括选料、清洗、剔除、过油沥油、调味液浸泡和包装等步骤。它利用笋干加工不受季节影响，可满足现代人快节奏生活的即食需要，不破坏笋干的营养和原有的风味，且给笋干增香增味，便于贮藏。解决了现有技术所存在的笋干食用前加工的麻烦，以及现有用竹笋干生产即食竹笋的方法存在的破坏笋干的营养和应有的风味等问题。

283. 笋露的加工方法

申请号：200710146326　　公开号：101380091　　申请日：2007年9月5日

申请人：俞杰卿

联系地址：(200001)上海市南市区董家渡路221弄6支弄8号

发明人：俞杰卿

法律状态：实审

文摘：本发明公开了一种笋露的加工方法。其工艺为：在石笋中加入食盐和水，用中火煮2小时，然后取出笋干，将剩余的笋水沉淀后(或直接从笋干厂收购制作笋干后剩余的笋水)放入锅中熬制成笋露，变废为宝、成本低。用此方法加工的笋露味道鲜美，有天然的笋香味。

284. 一种速冻竹笋的生产方法

申请号：200810063423　　公开号：101390532　　申请日：2008年8月7日

申请人：赵逸平、陈灯

联系地址：(311300)浙江省临安市锦城街道文昌阁南幢304室

发明人：赵逸平、陈灯

法律状态：实审

文摘：本发明涉及一种速冻竹笋的生产方法。包括下列步骤：①原料处理：鲜竹笋验收，清除杂质；②杀菌：将经过处理过的竹笋，进行常规杀菌处理；③速冻：采用速冻机将竹笋逐个进行速冻，速冻温度控制在－30℃～－35℃，竹笋中心温度降至－18℃以下出料；④臭氧水镀冰：竹笋经速冻后，用氧化还原电位在300～600毫伏之间的臭氧冰水浸泡7～20秒时间，迅速将竹笋取出；⑤包装：将经过臭氧水镀冰后的竹笋进行真空包装。所采用的臭氧水的氧化还原电位为500毫伏，竹笋浸泡在臭氧水中的时间为10秒。采用本发明方法大大降低了成品竹笋的细菌总数，有效地保持成品竹笋的新鲜度，延长保质期，同时有效降低有毒有害物质的含量。

285. 一种脆笋的加工方法

申请号：200810143773　　公开号：101411438　　申请日：2008年11月28日

申请人：湖南安化山山绿色食品有限责任公司

联系地址：(413500)湖南省安化县马路镇

发明人：刘岳辉、邓美珍、夏润东、邹凤辉、夏志群

法律状态：实审

文摘：本发明涉及一种笋干的加工方法。其特征在于鲜笋剥壳后12小时内用0.5兆帕的蒸汽蒸至鲜笋破节，然后盐渍5～8天，用脱水机脱水至含水量30％～35％，再在50℃～80℃的条件下烘烤至含水量18％～25％，再在自然温度下，推开晾干20～30小时。用此方法加工出来的笋干，不含任何化学添加剂，保留了鲜笋的天然营养成分与风味，口感脆嫩，鲜味十足，既可炒、蒸、煮，也可煲汤，适宜于各种烹调方法，同时产品的保质期可达2～3年。

286. 笋干粉制作方法

申请号：200810195471　　公开号：101411440　　申请日：2008年10月15日

申请人：谭建

联系地址：(241000)安徽省芜湖市弋江区鲁港综合大市场A区3幢502室

发明人：谭建

法律状态：实审

文摘：本发明公开了笋干粉制作方法，目的在于提供一种保持笋干原味的笋干粉。笋干粉制作方法，是按下列步骤操作的：①选取鲜嫩竹笋；②竹笋用食盐水煮熟；③煮熟的竹笋磨成流体状的竹笋糊；④竹笋糊放置在烘箱内烘干成笋干块；⑤笋干块磨成笋干粉末并密封包装。本发明所采取的技术方案生产成本低，这种笋干是优质的调味料，保持了笋干原味。

287. 一种芦笋粉及其制作方法

申请号：200710060658　　公开号：101467650　　申请日：2007年12月29日

申请人：天津市中英保健食品有限公司

联系地址：(300122)天津市红桥区西青道65号金兴科技大厦1202室

发明人：赵发

法律状态：公开

文摘：本发明涉及一种芦笋粉调味品及其制作方法。所述调味品包括芦笋、胡萝卜、菠菜、芹菜和豌豆，其原料配比为：芦笋50～70份，胡萝卜5～10份，菠菜7～15份，芹菜1～5份和豌豆15～25份。其制作方法如下：①按上述比例取芦笋、胡萝卜、菠菜、芹菜和豌豆清洗干净，干燥后研磨成细粉；②将细粉混合均匀即可。所述调味品营养成分丰富，具有保健作用，口味独特，食用简便，其制作方法简单，适合大规模工业化生产。

288. 风味芦笋罐头

申请号：02135178　　公告号：1242683　　申请日：2002年7月15日

申请人：李玉堂

联系地址：(274003)山东省菏泽市牡丹区沙土镇裕鲁西达食品有限公司

发明人：李玉堂、李宗果、赵建国、赵兰英、李淑英

法律状态：授权

文摘：本发明提供一种风味芦笋罐头。原料包括调味料、芦笋和汤料，按质量分数计，调味料为2%，芦笋为58%～65%，其余为汤料。制备方法是：将清洗消毒后的芦笋在80℃～86℃水中或蒸汽中进行预煮或杀青5分

钟，冷却至30℃以下与调味料和汤料按比例加入罐中，再于90℃～100℃的条件下脱气8～10分钟，罐中心物料的温度不低于80℃～85℃，封口后将罐头在杀菌釜中于100℃±2℃的温度下低温灭菌18～22分钟，然后快速冷却至室温即为成品。本发明的风味芦笋罐头和现有技术相比，具有工艺设计合理、节省能源，能使芦笋保持原有鲜美风味，且清脆酸甜，克服了传统芦笋罐头口味低淡的缺点，使其更适宜大众口味，因而具有很好的推广使用价值。

289. 一种芦笋沙司及其制作方法

申请号：200710060693　　公开号：101467652　　申请日：2007年12月29日

申请人：天津市中英保健食品有限公司

联系地址：(300122)天津市红桥区西青道65号金兴科技大厦1202室

发明人：赵发

法律状态：公开

文摘：本发明涉及一种芦笋沙司及其制作方法。其原料配比为：芦笋70～85份，黄瓜15～25份，芹菜5～10份，胡萝卜5～15份，蜂蜜3～8份和姜汁1～3份。其制作方法：①按上述比例取芦笋、黄瓜、芹菜、胡萝卜清洗干净，加热软化、胶磨、打浆，分离出芦笋纤维素、芦笋浆、黄瓜浆、芹菜纤维素和胡萝卜浆；②将上述芦笋纤维素、芦笋浆、黄瓜浆、芹菜纤维素和胡萝卜浆与蜂蜜、姜汁混合，加压均质，再排气即可。所述食品营养成分丰富，具有保健作用，口味独特，食用简便，其制作方法简单，适合大规模工业化生产。

290. 芦笋粉末

申请号：200710060768　　公开号：101467644　　申请日：2007年12月27日

申请人：天津市中英保健食品有限公司

联系地址：(300122)天津市红桥区光荣道竹山路13号(天津市中英保健食品有限公司)

发明人：王爱民、赵金樑

法律状态：公开

文摘：本发明提供一种芦笋粉末，是将新鲜芦笋通过选料、清洗、脱水、低温催变、高温定味、干燥、粉碎工艺过程制得。可作冲泡式饮料粉饮用，也可直接烹调时使用，工艺方法简单易行，成本低，食用方便，营养价值高，利于人体吸收。

291. 一种芦笋组合物

申请号：200810112681　　公开号：101589804　　申请日：2008 年 5 月 26 日

申请人：北京星昊嘉宇医药科技有限公司

联系地址：(100176)北京市经济技术开发区中和街 18 号

发明人：张树祥、龚玉萍

法律状态：实审

文摘：本发明涉及医药保健品组合物领域。本发明主要是一种芦笋根组合物。本组合物原料由燕麦、芦笋、甘草组成，还含有珍珠粉。本发明具有抗氧化，美容保健等特点。

292. 一种臭卤发酵芦笋的制作方法

申请号：200810120627　　公开号：101347224　　申请日：2008 年 8 月 27 日

申请人：浙江省农业科学院

联系地址：(310021)浙江省杭州市石桥路 198 号

发明人：郜海燕、陈杭君、毛金林、施渭尧、杨颖

法律状态：实审

文摘：本发明公开了一种臭卤发酵芦笋的制作方法，属于食品制作技术领域。该方法包括：①芦笋茎基的预处理；②芦笋汁的制备；③将芦笋汁、新鲜豆腐、食盐与水分别按 20～30 升、3～8 千克、1～2 千克、60～76 升配比，制成卤水浆；④发酵菌群的分离、筛选、鉴定与保存；⑤腌制汁的配制；⑥芦笋茎基的发酵、包装等步骤。本发明综合利用了芦笋茎基这一资源，工艺卫生，并显著加快了臭卤发酵的进程，保证了各批次质量的一致，产品色泽碧绿，臭中带香，口味细腻、滑嫩、松脆、耐咀嚼、风味感强。本发明可在食品加工企业中推广应用。

七、胡萝卜加工技术

293. 胡萝卜浓缩汁的加工方法

申请号：200410033785　　公告号：1254200　　申请日：2004年4月16日

申请人：中国农业大学

联系地址：(100083)北京市海淀区清华东路17号136信箱

发明人：廖小军、胡小松、孙英

法律状态：授权

文摘：本发明公开了属于食品加工技术范围的一种胡萝卜浓缩汁加工方法。该方法是在酶解液化技术基础上，完成胡萝卜浓缩汁的加工的。在胡萝卜浓缩汁加工过程中，首先进行原料筛选，选取类胡萝卜素含量高、产量和出汁率高的胡萝卜橘红一号。其次是在粗破碎工序后加入生物酶制剂，降低胡萝卜浆黏度，提高胡萝卜原料的出汁率，增加胡萝卜汁的浑浊稳定性，提高产品中类胡萝卜素含量，生产胡萝卜浊汁。经过中试生产，已生产的胡萝卜浓缩汁产品的可溶性固形物≥60°Bx，类胡萝卜素含量≥500毫克/千克。产品复水后表现出良好的浑浊稳定性和色泽。

294. 高胡萝卜素含量的胡萝卜浓缩汁及制备方法

申请号：01102248　　公告号：1122459　　申请日：2001年1月20日

申请人：中国科学院石家庄农业现代化研究所

联系地址：(050021)河北省石家庄市槐中路286号

发明人：洪兴华、周秀芬

法律状态：授权

文摘：本发明提供一种高胡萝卜素含量的胡萝卜浓缩汁。制备方法包括胡萝卜经预煮、磨浆、分离、过滤、浓缩包装，其技术关键是胡萝卜预煮后再经漂洗脱除60％～90％的可溶性固形物，加水稀释后磨浆使细胞破壁，再分离精滤，脱氧，调配，浓缩，灭菌，包装。浓缩汁中的可溶性固形物达到30％～60％，类胡萝卜素含量达到25～60毫克/100毫升，可满足医药保健产品工业原料的需要。

295. 低蒸发生产胡萝卜浓缩汁、无蒸发生产胡萝卜浓缩浆的加工工艺

申请号：200510010166　　公告号：100356875　　申请日：2005年7月8日

申请人：黑龙江大丰农业科技有限公司

联系地址：(163114)黑龙江省大庆市高新技术产业开发区高新路28号

发明人：高树志、徐彦华、娄海军、刘新民

法律状态：授权

文摘：本发明涉及一种低蒸发生产胡萝卜浓缩汁、无蒸发生产胡萝卜浓缩浆的加工工艺。主要解决了现有工艺能耗大的问题。其特征在于：包括原料清洗、补液破碎、预煮、固液分离、浓缩、杀菌。该工艺能够保证有效成分提取的前提下，有效地节能降耗、降低生产成本、提高单位时间出品率；本发明适用于节能型的胡萝卜浓缩汁及胡萝卜浓缩浆的生产。

296. 一种含有胡萝卜营养成分的粉丝及其制作方法

申请号：01114986　　公开号：1321433　　申请日：2001年5月31日

申请人：欧元峰

联系地址：(264000)山东烟台毓璜顶西路17-2号知识产权局

发明人：欧元峰

法律状态：视撤公告日：2004年8月25日

文摘：本发明涉及一种含有胡萝卜营养成分的粉丝及其制作方法。它解决了传统粉丝所存在的缺乏胡萝卜中维生素的营养问题，其主要技术特征在于粉丝内含有胡萝卜的各种营养成分。其制作方法的特征是在粉丝的制作过程中，加入胡萝卜汁。本发明可用于制作新的粉丝食品，具有营养全面、经济价值大幅度提高的显著效果。

297. 胡萝卜素酱

申请号：02109381　　公告号：1179660　　申请日：2002年4月2日

申请人：司贵平

联系地址：(110015)辽宁省沈阳市沈河区五里河北文萃路11-2号一单元三楼三号

发明人：司贵平

法律状态：因费用终止公告日:2007年5月30日

文摘：本发明涉及一种胡萝卜素酱，属于保健食品。本发明胡萝卜素酱是由大豆、胡萝卜、大蒜、盐、水、味精等组成。本发明胡萝卜素酱具有降低胆固醇、甘油三酯、血压、血糖以及防癌和防治动脉粥样硬化的作用。

298. 胡萝卜冰淇淋粉

申请号：200310103759　　公开号：1611128　　申请日：2003年10月27日

申请人：深圳市海川实业股份有限公司

联系地址：(518040)广东省深圳市福田区车公庙天安数码城F3.8栋C、D座七、八楼

发明人：刘梅森、何唯平

法律状态：视撤公告日:2009年6月3日

文摘：本发明公开了一种胡萝卜冰淇淋粉。按质量分数计，冰淇淋粉各组分配比为:40%～60%的糖，20%～40%的奶粉，8%～15%的植脂末，5%～10%的麦芽糊精，0.3%～0.8%的单甘酯，0.2%～0.8%的蔗糖酯，0.3%～0.8%的瓜尔豆胶，0.3%～0.8%的纤维素CMC，5%～10%的胡萝卜汁。其制作过程包括混合、溶解、老化、均质、杀菌、浓缩及喷雾干燥等几个步骤。由这种冰淇淋粉制成的冰淇淋不仅具有传统冰淇淋清凉爽口、香味浓郁等特点，而且具有健胃、助消化、养目怡神、调节新陈代谢、增强抵抗力、防止呼吸道感染等保健功能。因此，它是一种理想的保健食品，符合现代人对冰淇淋保健功能的要求。

299. 一种胡萝卜脆皮雪糕及其生产方法

申请号：200710120726　　公开号：101107965　　申请日：2007年8月24日

申请人：内蒙古蒙牛乳业(集团)股份有限公司

联系地址：(011500)内蒙古自治区呼和浩特市和林格尔盛乐经济园区

发明人：韩浩、武士学、石红

法律状态：视撤公告日:2010年11月24日

文摘：本发明公开了胡萝卜脆皮雪糕及其生产方法。本发明胡萝卜脆皮雪糕,含有如下质量分数的组分:牛奶31.7%～39.7%,白砂糖7.6%～10.6%,食用植物油6.2%～10.2%,全脂奶粉2.2%～4.2%,代可可脂7.5%～11.5%,胡萝卜碎粒5.8%～9.8%,面包屑4.5%～8.5%,增稠剂0.15%～0.35%,乳化剂0.10%～2%,乳清粉2%～4%,无水奶油1%～3%,果葡糖浆2%～4%,食用香精0.10%～0.30%,其余为水。本发明通过筛选各种组分的配比,创造性地生产出胡萝卜脆皮雪糕,从而实现消费者在食用冷冻饮品的同时,既有丰富的营养作用,又有利于补充钙源,经过大量试验证明本发明产品对各种消费人群有显著效果。

300. 一种胡萝卜泥食品的制作方法

申请号：200610044837　　公开号：101088382　　申请日：2006年6月16日

申请人：高伟

联系地址：(255100)山东省淄博市淄川区文化路13号

发明人：高伟

法律状态：视撤公告日:2010年3月17日

文摘：本发明涉及一种胡萝卜泥食品的制作方法。它由下列原料组成:胡萝卜、氢氧化钠溶液、柠檬酸液、白糖、冷水。制作出的胡萝卜泥食品具有味道鲜香,营养丰富的特点。用本发明制作的产品市场前景十分广阔,因此本发明具有广泛推广应用价值。

301. 一种胡萝卜五香豆腐干的制作方法

申请号：200810121530　　公开号：101401628　　申请日：2008年10月16日

申请人：宁波市大桥生态农业有限公司、慈溪市蔬菜开发有限公司

联系地址：(315326)浙江省慈溪市长河镇镇北路1号桥

发明人：陈丹

法律状态：实审

文摘：本发明为一种胡萝卜五香豆腐干的制作方法。包括下列步骤:①胡萝卜汁的榨取;②大豆的浸泡;③磨浆过滤;④煮浆;⑤混料;⑥点浆;⑦压制豆干;⑧调制卤汤;⑨把压制好的胡萝卜豆腐干放入配好调料的调料

缸中，用蒸汽加热煮沸5分钟，关闭蒸汽，浸泡10分钟，捞出晾干。本发明提供了一种具有胡萝卜成分的五香豆腐干的制作方法，胡萝卜的加入使本来营养成分较高的豆腐干又含有丰富的果蔬营养成分，保存了蔬菜中的纤维素，口感上更细腻、鲜美、爽滑、筋道，有助于人体吸收、消化。

302. 一种营养保健胡萝卜豆腐的制作方法

申请号：200710035382　　公开号：101095510　　申请日：2007年7月18日

申请人：孙福莲

联系地址：(412300)湖南省攸县丫江桥乡新江村

发明人：孙福莲

法律状态：视撤公告日：2011年1月5日

文摘：本发明公开了一种营养保健的胡萝卜豆腐的制作方法，旨在提供一种不仅食用起来味道纯正，口感细腻，成本低且营养丰富，不易碎，不易霉，能包装，易贮存，便于携带和运输的营养保健胡萝卜豆腐的制作方法。它包括大豆的浸泡与清洗，胡萝卜的清洗与搅碎，掺混磨浆，过滤除渣，煮沸加原水与搅拌，冷却上箱，挤压成型，出箱撒盐，开水中煮沸，烘干，消毒，装袋密封，热水中煮，捞出，迅速冷却即得营养保健胡萝卜豆腐成品。所述的胡萝卜的清洗与搅碎是将胡萝卜清洗干净，搅碎使其颗粒直径为4～6毫米；所述的掺混磨浆是将搅碎的胡萝卜颗粒与浸泡好的大豆掺混一起磨浆。

303. 一种胡萝卜果脯的制作方法

申请号：200710060664　　公开号：101467635　　申请日：2007年12月29日

申请人：天津市中英保健食品有限公司

联系地址：(300122)天津市红桥区西青道65号金兴科技大厦1202室

发明人：赵发

法律状态：公开

文摘：本发明的目的是提供一种胡萝卜果脯的制作方法。该方法所制成的果脯口味独特，食用简便，兼具营养和保健功效，是一种新颖的胡萝卜制作方法。

304. 干制胡萝卜

申请号：200710069449　　公开号：101077164　　申请日：2007年6月25日

申请人：吴江市方霞企业信息咨询有限公司

联系地址：(215200)江苏省吴江市松陵镇江新村

发明人：杨贻方

法律状态：视撤公告日:2011年3月23日

文摘：本发明涉及一种营养价值高、对人体无毒副作用且口感良好的脱水干制食品的技术，主要原料为胡萝卜。本发明采用先进的科学技术进行制作，保证了干制过程中材料营养的成分，而且不含任何防腐剂和甜蜜素等物质，是一种纯天然的干制食品，便于家庭食用和旅游携带。

305. 胡萝卜奶粉

申请号：200710069465　　公开号：101073342　　申请日：2007年6月25日

申请人：吴江市方霞企业信息咨询有限公司

联系地址：(215200)江苏省吴江市松陵镇江新村

发明人：杨贻方

法律状态：视撤公告日:2011年3月23日

文摘：本发明涉及一种具有保健作用的奶粉。主要原料配比为:30千克胡萝卜，500克苹果汁，1 000克原料乳。本发明经过技术处理将蔬菜、奶粉相互结合，制作出的奶粉味道清爽，而且无任何添加剂，饮用时，无须加糖，直接冲饮。

306. 天然鲜胡萝卜添加剂的制备工艺

申请号：200710150607　　公开号：101449787　　申请日：2007年11月30日

申请人：天津市鸿禄食品有限公司

联系地址：(301713)天津市武清区王庆坨镇工贸园同庆道6号

发明人：董宝禄、杨秀敏

法律状态：公开

文摘：本发明涉及一种天然鲜胡萝卜添加剂的制备工艺。其步骤是：

①将鲜胡萝卜用含碱1%～1.5%的碱水洗涤，碱水温度为40℃～50℃，洗涤10～30分钟；②将洗涤后的鲜胡萝卜分别切成1～2厘米长的片或段；③将上述切成片或段的鲜胡萝卜用粉碎机粉碎成2～3毫米、直径为0.5毫米的丝状；④在上述丝状胡萝卜中搅拌加入淀粉，加入量为5克/100克胡萝卜丝；⑤用离心干燥机在40℃～50℃条件下干燥20～30秒，然后过滤，滤出碎粉，即得天然鲜胡萝卜添加剂成品。本发明天然鲜胡萝卜添加剂为极细的丝状产品，使其内的膳食纤维不会被破坏，有利于人体健康；且为低温干燥制成，其内的天然维生素含量损失很少，因此营养成分十分丰富，并保持了鲜胡萝卜的特有鲜味。

307. 乳酸菌发酵胡萝卜制备工艺及其产品

申请号：200710158609　　公开号：101161109　　申请日：2007年11月29日

申请人：辽宁省农业科学院食品与加工研究所

联系地址：(110161)辽宁省沈阳市东陵区东陵路84号

发明人：张华、吴兴壮、张晓黎、鲁明、迟吉捷、于淼、姜福林、石太渊、王小鹤、李莉峰、张锐、高雅、韩艳秋、朱华

法律状态：授权

文摘：本发明公开了一种乳酸菌发酵胡萝卜的制备工艺及其产品。它是以胡萝卜为原料，经人工接种高效复合乳酸菌发酵剂，在无氧、中温、缓速条件下发酵，发酵后制得乳酸发酵胡萝卜脯、胡萝卜酱和胡萝卜饮料3种产品。本发酵制品保持了胡萝卜固有的营养成分，具有乳酸菌发酵胡萝卜特有的营养和风味，酸味柔和，香气纯正，不添加任何香精、色素和防腐剂，是新型纯天然胡萝卜发酵制品。本发明为胡萝卜加工利用提供一个新工艺，为乳酸菌发酵食品、饮料增加新品种，易于产业化生产。

308. 一种富含叶黄素和β-胡萝卜素的保健制剂及制备方法

申请号：200810054657　　公开号：101243875　　申请日：2008年3月24日

申请人：北京维尼康生物技术有限公司

联系地址：(100035)北京市西城区赵登禹路冠英园西区3号2单元702号

发明人：洪彬、吴雅博

法律状态：实审

文摘：本发明涉及一种富含叶黄素和β-胡萝卜素的保健制剂。其特征在于：保健制剂是由如下质量比例的胡萝卜50%～90%、鲜万寿菊花瓣10%～50%组合加工的果浆、果粉或由果粉进一步加工的胶囊或片剂。本发明的一项重要贡献在于在充分发挥天然植物万寿菊和胡萝卜组合后的药用功能，实验证明叶黄素与β-胡萝卜素配合使用可增强血液中超氧化物歧化酶(SOD)的活性，与单纯服用β-胡萝卜素果浆或叶黄素果浆相比，其保健效果明显提高。本发明在加工方法方面利用胡萝卜中的β-胡萝卜素和万寿菊中的叶黄素均为脂溶性维生素并与植物细胞壁在质量上有显著差异这一加工共性，将两者混合经细胞破壁后离心提取，经济、有效地将万寿菊花瓣中的叶黄素与胡萝卜中的β-胡萝卜素富集在提取果浆中，可直接作为功能食品开发利用。

309. 一种胡萝卜色素的制备方法及其胡萝卜色素制品

申请号：200810107123　　公开号：101305797　　申请日：2008年7月17日

申请人：江西国亿生物科技有限公司

联系地址：(330096)江西省南昌市高新区高新七路192号

发明人：熊勇、张军兵、杨学义、方军军、罗忠国

法律状态：实审

文摘：本发明公开了一种胡萝卜色素的制备方法。原料是紫胡萝卜，其工艺程序为：①清洗与切丝；②浸提与过滤；③柱层析；④浓缩与超滤；⑤微胶囊化；⑥喷雾干燥；⑦过筛与混合。本发明还公开了一种胡萝卜色素制品，是色价≥50的紫黑色粉末，无胡萝卜异味，富含花青素，耐光、耐热、对pH值不敏感。本发明与现有技术对比的有益效果是：本发明是在保证产品风格与内在质量稳定以及满足消费者需求的前提下提出的一种胡萝卜色素的制备方法，其工艺简单，工艺条件温和，制备周期短，设备投资少，废水可循环使用，废料可作饲料添加剂，适合连续化、大规模化工业生产。制备的紫胡萝卜色素具有成本低、质量稳定、可靠的优点。

八、蔬菜饮料加工技术

310. 一种β-胡萝卜素奶及其制备方法

申请号：01107525　　公开号：1369232　　申请日：2001年2月14日

申请人：广东汾煌股份有限公司

联系地址：(515638)广东省潮安县党政办公大楼科技局

发明人：林顺和

法律状态：视撤公告日:2004年10月27日

文摘：本发明提供一种β-胡萝卜素奶及其制备方法。该β-胡萝卜素奶的各原料质量分数分别为:胡萝卜原汁10%,牛磺酸0.5%～1.0%,维生素C 0.5%～1.0%,蔗糖10%～12%,乳酸0.2%～0.7%,山梨酸钾0.02%～0.05%,全脂奶粉1.0%～4.0%,脱脂奶粉0.3%～0.8%,黄原胶0.1%～0.3%,其余为平衡量的去离子水。制备方法包括胡萝卜素原汁的制备、奶液的制备、混合调配、灭菌、灌装得成品。该产品具有营养成分丰富、保健功效明显、口感舒适,该方法则具有工艺合理且无环境污染,可广泛应用于胡萝卜的深加工。

311. 胡萝卜奶

申请号：01113398　　公开号：1395844　　申请日：2001年7月12日

申请人：周世昌

联系地址：(201100)上海市闵行区水清路水清一村13号501室

发明人：周世昌

法律状态：视撤公告日:2005年4月27日

文摘：本发明涉及一种饮料,特别是一种胡萝卜奶。本发明以胡萝卜、鲜牛奶为主要原料加工制成,其特点在于其富含蛋白质、脂肪、胡萝卜素、维生素、氨基酸、钙、磷、铁等营养成分,具有强身健体、提高免疫力之功效。

312. 胡萝卜豆奶的制备方法

申请号：200710044793　　公开号：101103741　　申请日：2007年

8月10日

申请人：上海应用技术学院

联系地址：(200235)上海市徐汇区漕宝路120号

发明人：蒋蕴苏、王静、陈丽花

法律状态：视撤公告日:2010年7月21日

文摘：本发明公开了一种胡萝卜豆奶的制备方法。包括下列步骤：①黄豆用0.2%碳酸氢钠溶液浸泡1夜，沥干后用沸水磨浆，制得豆浆，煮沸；②胡萝卜洗净切成均匀的条状，在90℃～100℃、0.2%的柠檬酸溶液中热烫5分钟，捞出沥干后加水，打浆，用8层纱布过滤得汁；③将制备好的胡萝卜汁与豆浆按体积比1∶2的混合，加热混合溶液至50℃～60℃后保持恒温，然后将白砂糖和羧甲基纤维素钠的混合物加入到混合溶液中，不断搅拌，最后用高速剪切机剪切混合溶液，杀菌，得到胡萝卜豆奶。本发明制得的胡萝卜豆奶色泽均匀，有浓郁的豆沙味，稳定性好，静置1周后无分层现象，流动性很好，口感细腻爽滑。

313. 胡萝卜酸橙汁及加工工艺

申请号：01114521　　公开号：1389156　　申请日：2001年6月6日

申请人：湖南省农业科学院农产品加工研究开发中心

联系地址：(410125)湖南省长沙市马坡岭省农科院内

发明人：单杨、何建新、李高阳、张菊华、张群、付复华、李志坚、李志江、方杰文、龙江、朱迎娟、邓星文、周晓玲

法律状态：视撤公告日:2005年9月21日

文摘：本发明为一种胡萝卜酸橙汁。其特征在于，每1 000千克成品中含有胡萝卜80～200千克，酸橙80～150千克，山楂50～100千克，白糖50～100千克，增稠剂400～1 000克，酸味剂一0.5～2千克，酸味剂二0.5～2千克，防腐剂400～500克。本发明包括下列工艺步骤：①选果；②清洗；③去皮；④蒸煮；⑤榨汁、打浆；⑥分离；⑦调配；⑧均质；⑨脱气；⑩灭菌；⑪灌装。本发明为复合型果肉饮料，酸甜可口，口感细腻，有效地保留了果蔬原料中所含有的各种有效成分，具有一定的保健功能。

314. 一种胡萝卜汁及其制备方法

申请号：03149617　　公告号：1320866　　申请日：2003年8月4日

申请人：郭文彬

联系地址：(100006)北京市东城区东交民巷32号5单元531室

发明人：郭文彬

法律状态：因费用终止公告日:2010年9月29日

文摘：本发明公开了一种胡萝卜汁。包括以下成分及质量配比：胡萝卜800～1 200份，柠檬酸0.8～1.5份，全脂奶粉或未脱脂的牛奶100～800份，果品鲜汁或其形成的粉200～1 000份，水1 500～5 000份。同时，还公开了其制备方法，该产品是利用新鲜红色胡萝卜为主要原料，加入多种营养丰富配料混合而成的易于人体吸收的纯胡萝卜饮料，保持了胡萝卜原色原质、色泽橘黄、鲜艳、口感细腻、香滑柔和，具有维生素和胡萝卜的多重营养成分，适合于家庭、宴会、大中小学生考试期间、运动员及SARS病人饮用。

315. 含有菠菜泥和胡萝卜浓缩汁的冷冻饮品及其制备方法

申请号：200810135830　　公开号：101313727　　申请日：2008年7月15日

申请人：内蒙古伊利实业集团股份有限公司

联系地址：(010110)内蒙古自治区呼和浩特市金山开发区金山大道1号

发明人：温红瑞、张冲、兰宏旺

法律状态：视撤公告日:2011年4月27日

文摘：本发明提供了一种含有菠菜和胡萝卜浓缩的冷冻饮品。该冷冻饮品包括以下质量分数的成分：甜味物质10%～60%，菠菜泥5%～10%，胡萝卜浓缩汁5%～10%，奶粉3%～8%，植物油1%～3%，稳定剂0.05%～0.2%。所述的甜味物质选自蔗糖、糖浆和阿斯巴甜中的任一或其组合；所述的菠菜泥为菠菜经过煮制后再经过粉碎所得到的菠菜汁和菠菜纤维的混合物；所述的胡萝卜浓缩汁为胡萝卜经水煮后压榨得到的汁液。该冷冻饮品具有夏日解暑、生津止渴的功能，还具有补充营养素的作用，配方合理，食用方便，使消费者在食用冷冻饮品的同时起到一定的保健作用。

316. 含有芦荟汁和胡萝卜汁的冷冻饮品及其制备方法

申请号：200810178149　　公开号：101411381　　申请日：2008年11月24日

申请人：内蒙古伊利实业集团股份有限公司

联系地址：(010080)内蒙古自治区呼和浩特市金川开发区金四路8号

发明人：温红瑞、张冲、蔡桂林

法律状态：授权

文摘：本发明提供了一种含有芦荟汁和胡萝卜汁的冷冻饮品。该冷冻饮品包括以下成分(按质量分数计)：白砂糖6%～10%，糖浆2%～5%，芦荟汁0.5%～3%，胡萝卜汁0.5%～6%，稳定剂0.05%～0.2%和酸度调节剂0.05%～0.3%。所述的芦荟汁是芦荟经过物理压榨法榨取得到的芦荟汁液，芦荟汁的1份折合成原料芦荟的量为1～1.5份；所述的胡萝卜汁是胡萝卜经过物理压榨法榨取得到的胡萝卜汁液，胡萝卜汁的1份折合成原料胡萝卜的量为1.2～1.6份。本发明还可以在上述成分中添加不超过5%的苹果汁来增强果香口味；本发明同时还提供了上述冷冻饮品的制备方法；本发明的冷冻饮品具有降低血糖、美容的保健功能。

317. 含有菠菜泥和胡萝卜浓缩汁的冷冻饮品及其制备方法

申请号：200810135830　　公开号：101313727　　申请日：2008年7月15日

申请人：内蒙古伊利实业集团股份有限公司

联系地址：(010110)内蒙古自治区呼和浩特市金山开发区金山大道1号

发明人：温红瑞、张冲、兰宏旺

法律状态：视撤公告日：2011年4月27日

文摘：本发明提供了一种含有菠菜和胡萝卜浓缩汁的冷冻饮品。该冷冻饮品包括以下成分(按质量分数计)：甜味物质10%～60%，菠菜泥5%～10%，胡萝卜浓缩汁5%～10%，奶粉3%～8%，植物油1%～3%，稳定剂0.05%～0.2%。所述的甜味物质选自蔗糖、糖浆和阿斯巴甜中的任一或其组合；所述的菠菜泥为菠菜经过煮制后再经过粉碎所得到的菠菜汁和菠菜纤维的混合物；所述的胡萝卜浓缩汁为胡萝卜经水煮后压榨得到的汁液；该冷冻饮品具有夏日解暑、生津止渴的功能，还具有补充营养素的作用，配方合理，食用方便，使消费者在食用冷冻饮品的同时起到一定的保健作用。

318. 一种萝卜汁饮料的加工方法

申请号：200410023779　　公告号：100348133　　申请日：2004年4月1日

申请人：赵志晖

联系地址：(261031)山东省潍坊市奎文区鸢飞路一中宿舍8号楼4单元229276信箱

发明人：赵志晖

法律状态：因费用终止公告日:2011年6月8日

文摘：本发明涉及含有蔬菜汁的饮料的制备技术。它是以青萝卜为基料,在对青萝卜粉碎榨汁过程中,同时加入由肉桂、豆蔻、砂仁、陈醋、红花、料酒六味既是食品又是药品的辅料所煮成的炮制液,进行一次炮制制出萝卜原汁,再按比例在萝卜原汁中加入白砂糖、柠檬原汁加热至沸进行二次炮制制出萝卜浓汁,最后加碳酸水稀释分装成萝卜蔬菜饮料。这种二次炮制法克服了原来萝卜饮料生产中因氧化而产生的萝卜异味的缺点,开拓了蔬菜饮料的市场,成为人们青睐的理气消食的萝卜蔬菜饮料。

319. 一种香椿茶及其制备方法

申请号：02113954　　公告号：1141029　　申请日：2002年1月30日

申请人：刘志强

联系地址：(412300)湖南省株洲市攸县电力局

发明人：刘志强

法律状态：因费用终止公告日:2008年3月26日

文摘：本发明涉及一种香椿茶及其制作方法,属保健型茶类饮料用品。香椿茶是以香椿和芥菜为主要原料并配以作料加工而成,作料是包括胡椒粉、白糖或它们的组合。其制备方法是将原料清洗晾干,芥菜切为丝条状,再用食盐拌匀腌制,然后用水冲洗盐渍再晾干后置于烘房烘干,最后按组分质量配比进行混拌均匀,用专用包装袋进行真空包装并封口即可。本香椿茶是采用野生植物和蔬菜类植物代替茶科植物作为茶的原料,再配以作料制成。本香椿茶加工简单,富含各种维生素,营养成分丰富,口感好,回味悠长,是一种可防治风寒感冒、香甜可口、生津开胃的饮料用品。

320. 一种芦荟凉茶绿色保健饮料配方

申请号：200710016876　　公开号：101347230　　申请日：2007年7月16日

申请人：刘芳义

联系地址：(265200)山东省莱阳市烟青一级路莱阳收费处西50米

发明人：刘芳义

法律状态：公开

文摘：本发明属于保健饮料领域，涉及一种芦荟凉茶绿色保健饮料配方。其配方(按质量分数计)为：纯净水56%，芦荟原汁16%，胡萝卜原汁10%，黄山毛峰茶过滤汁4%，甘草过滤汁5%，柠檬酸3%，白砂糖6%。本芦荟凉茶饮用口感好，老少皆宜，具有较大的保健功效，携带方便，饮用方便，营养物质丰富，能提高人体免疫功能，并且成本低，适于大众消费。

321. 一种天然野菜的饮料、汤料及其制作方法

申请号：03122332　　公告号：1183858　　申请日：2003年4月30日

申请人：张正平

联系地址：(014030)内蒙古自治区包头市青山区幸福南路春光5区1栋1号

发明人：张正平

法律状态：因费用终止公告日：2010年7月28日

文摘：本发明属于食品领域，是涉及一种天然野菜的饮料、汤料及其制作方法。它是由天然的苦荬菜、紫菜、蒲公英、薄荷、藿香为原料制成的饮料、汤料。本品不仅具有美味爽口、保健强身的作用，还保留了原植物的营养成分，含有蛋白质、脂肪、糖、胡萝卜素、维生素B_1、维生素B_2、维生素B_{12}、维生素C、镁、铁、钙、磷、碘、铬、锰、叶绿素、红藻素、粗纤维、胆碱、多种氨基酸、胶质、甘露醇等物质。本品经常饮用可提高人体免疫功能和新陈代谢功能，可有效补充维生素和矿物质，增强人体新陈代谢，适合各年龄段人群饮用。

322. 一种复合蔬菜混汁——南瓜胡萝卜混汁的制备方法

申请号：200410041869　　公告号：1241497　　申请日：2004年9月1日

申请人：江南大学

联系地址：(214036)江苏省无锡市惠河路170号

发明人：许时婴、王璋、秦蓝、杨瑞金、袁博

法律状态：授权

文摘：本发明为一种复合蔬菜混汁——南瓜胡萝卜混汁的制备方法，涉及果蔬深加工技术领域。本发明采用酶法液化技术、稳定性控制技术、相容性技术、风味修饰技术，开发了具有良好的色泽、浑浊稳定性的复合蔬菜混汁——南瓜胡萝卜混汁，将两种具有不同营养和生理功能的蔬菜汁进行复合，不仅解决了现存复合汁稳定性方面的难题，还可以满足消费者对天然、营养果蔬饮料的需求，具有极大的经济效益和社会效益。

323. 一种果肉型复合蔬菜发酵饮料及其制备方法

申请号：200410045421　　公告号：1285287　　申请日：2004 年 5 月 18 日

申请人：浙江省农业科学院

联系地址：(310021)浙江省杭州石桥路 198 号

发明人：沈国华

法律状态：因费用终止公告日：2009 年 7 月 22 日

文摘：本发明公开了一种果肉型复合蔬菜发酵饮料及其制备方法。该饮料以南瓜、胡萝卜、番茄为原料，分别打浆后按 4～6：2～4：1～3 比例混合，以植物乳杆菌和乳脂链球菌按 0.4：0.6 比例混合作为发酵菌种，经接种发酵、调配、均质及包装灭菌或低温贮藏后即成产品。该饮料具有适口性好、色泽鲜艳、营养丰富、口感细腻、自然发酵香味浓郁等特点，同时加工工艺方法较简单，成本较低廉，易于实施应用。

324. 打瓜汁低糖饮料及其生产工艺

申请号：200510016734　　公告号：100579402　　申请日：2005 年 4 月 21 日

申请人：吉林大学

联系地址：(130012)吉林省长春市前卫路 10 号

发明人：腾利荣、陈亚光、孟庆繁、陆军、程瑛琨、逯家辉

法律状态：授权

文摘：本发明的打瓜汁低糖饮料及其生产工艺，属食品饮料领域。原、辅料有打瓜汁乳、柠檬酸、苹果酸、木糖醇、香兰素、山梨酸钾、山楂酮混合提取液、木耳多糖混合提取液、胡萝卜混合提取液；经脱胶、除氧去杂味、钝化、

添加辅料、超滤灭菌、冷却罐装等过程制得成品。脱胶是在打瓜汁乳中加入甲壳胺进行搅拌静止过滤;除氧去杂味是在 9.1×10^{4} 帕真空条件下脱气。本发明是适宜中老年人降脂和糖尿病患者饮用的一种低糖减肥降脂饮料。果汁澄清透明,保存瓜汁的天然风味,解决瓜汁深加工时产生的异杂味和产品不稳定现象。本产品原料来源丰富易得,工艺操作简便易行,组成无配伍禁忌,可广泛适用所有果汁饮料加工企业。

325. 一种含有富硒瓜汁饮料的制备方法及产品

申请号:200510117748　　**公告号**:100361603　　**申请日**:2005 年 11 月 10 日

申请人:於国存

联系地址:(316200)浙江省岱山县高亭镇枫树村

发明人:於国存

法律状态:因费用终止公告日:2010 年 1 月 6 日

文摘:本发明涉及一种含有富硒瓜汁饮料的制备方法及产品。本发明通过富硒瓜开水浸提、胡萝卜汁开水浸提、富硒瓜汁与胡萝卜汁按比例调配,并加入冰糖、柠檬酸及苯甲酸钠或山梨酸,最后灭菌、灌装等步骤,成功地制得具有新鲜富硒瓜丰富的营养和有益物质的富硒瓜汁饮料,克服了富硒瓜果质坚硬,难于咀嚼消化、食用受季节限制的缺点,便于携带和食用。

326. 青菜叶原汁饮料及其制备方法

申请号:200610032027　　**公开号**:1907135　　**申请日**:2006 年 7 月 26 日

申请人:罗志祥

联系地址:(415700)湖南省桃源县陬市镇鸬鹚洲村五组

发明人:罗志祥、罗宏

法律状态:视撤公告日:2008 年 12 月 10 日

文摘:本发明为青菜叶原汁饮料及其制备方法,涉及一种饮食品及其制备方法。青菜叶含有多种氨基酸、微量元素和物质,将其加工成饮料供人们饮用,对人体生长发育、健康和延年益寿是非常有益的,其产品开发前景广阔,将会产生很好的经济效益和社会效益。青菜叶原汁饮料含有多种氨基酸、碳水化合物、粗纤维,青菜叶中含的水分、钙、铁、磷等微量元素、脂肪、维生素 C、胡萝卜素和烟酸等物质,制备青菜叶原汁饮料的方法包括清洗、打浆、过滤、压榨和灌装步骤，获得口味独特、天然绿色蔬菜型的青菜叶原汁饮料。该饮料不含有毒成分，不含色素、添加剂和防腐剂，属纯天然绿色保健饮料，饮用安全卫生，经常饮用，对人体能起到保健、防病作用，尤其是不易患癌症。

327. 一种含有牛蒡的功能性饮料及其制备方法

申请号：200710090582　　**公开号**：101283822　　**申请日**：2007 年 4 月 12 日

申请人：史发臣

联系地址：(136200)吉林省辽源市南康街 13 委 22 组 2 号

发明人：史发臣

法律状态：实审

文摘：本发明涉及一种含有牛蒡的功能性饮料，以药食同源的牛蒡为主要原料，辅以胡萝卜、白萝卜、香菇等蔬菜制得。本发明的功能性饮料在与现有含牛蒡的饮料功能相当的基础上，具有更高的营养素含量。本发明还涉及上述含有牛蒡的功能性饮料的制备方法，与现有技术相比更适合工业化生产，生产成本更低。

328. 保健饮料及其制备方法

申请号：200710123063　　**公开号**：101066133　　**申请日**：2007 年 6 月 27 日

申请人：张立及、张志及

联系地址：(100041)北京市石景山区八大处路 35 号西院

发明人：张立及、张志及

法律状态：实审

文摘：本发明涉及一种保健饮料。其原料的质量配比为：白萝卜 300～800 份，蔬菜叶 70～300 份，胡萝卜 100～250 份，干香菇 20～80 份，牛蒡 15～60 份，水 2 000～3 000 份。本发明的保健饮料营养丰富，可以以食养生，调理保健身体，而且成本低廉，原料来源广泛。本发明还涉及一种保健饮料的制备方法。

329. 乳酸菌发酵胡萝卜制备工艺及其产品

申请号：200710158609　　**公开号**：101161109　　**申请日**：2007 年

11月29日

申请人：辽宁省农业科学院食品与加工研究所

联系地址：(110161)辽宁省沈阳市东陵区东陵路84号

发明人：张华、吴兴壮、张晓黎、鲁明、迟吉捷、于森、姜福林、石太渊、王小鹤、李莉峰、张锐、高雅、韩艳秋、朱华

法律状态：授权

文摘：本发明公开了一种乳酸菌发酵胡萝卜的制备工艺及其产品。它是以胡萝卜为原料，经人工接种高效复合乳酸菌发酵剂，在无氧、中温、缓速条件下发酵，发酵后制得乳酸发酵胡萝卜脯、胡萝卜酱和胡萝卜饮料3种产品。本发酵制品保持了胡萝卜固有的营养成分，具有乳酸菌发酵胡萝卜特有的营养和风味，酸味柔和，香气纯正，不添加任何香精、色素和防腐剂，是新型纯天然胡萝卜发酵制品。本发明为胡萝卜加工利用提供一个新工艺，为乳酸菌发酵食品、饮料增加新品种，易于产业化生产。

330. 南瓜碳酸饮料及其制法

申请号：200710158635　　公开号：101167588　　申请日：2007年11月29日

申请人：邹吉庆

联系地址：(116000)辽宁省大连市旅顺口区金川路97号

发明人：邹吉庆

法律状态：公开

文摘：本发明涉及饮料。本南瓜碳酸饮料，主要由南瓜汁、添加剂、稳定剂、碳酸水按100∶5～10∶2～5∶2 000～3 000质量比配制而成。本发明与其他碳酸饮料相比，不仅具备了碳酸饮料爽口、怡人等优点，更兼具营养保健作用。南瓜含蛋白质、脂肪、糖类及维生素A、维生素B、维生素C，还含有钙、纤维素、胡萝卜素和多种矿物质。近些年来国内外一些人将南瓜誉为“特级保健品”，主要用来防治糖尿病，据称能有效地促进胰岛素的分泌。本发明提供了一种方便快捷的南瓜食用方法。

331. 一种保健饮料

申请号：200810013585　　公开号：101715999A　　申请日：2008年10月9日

申请人：苏晶

联系地址：(112300)辽宁省开原市文化路64号

发明人：苏晶

法律状态：公开

文摘：本发明是一种保健饮料，由蒲公英汁、党参汁、胡萝卜汁、蜂蜜汁、金银花汁、米糠汁组成。其配方(按质量分数计)为：蒲公英汁15%～25%，党参汁5%～15%，胡萝卜汁5%～15%，蜂蜜15%～25%，金银花汁15%～25%，米糠汁0.5%～2%，加入纯净水勾兑成天然植物保健饮料。本发明的优点是富含维生素和矿物质，能提高人体免疫功能，清热解毒，且含碳水化合物少，老人和小孩都可饮用。

332. 魔芋饮品及其配制方法

申请号：200810058303　　公开号：101558891　　申请日：2008年4月19日

申请人：云南蒴芋食品有限责任公司

联系地址：(655600)云南省陆良县召夸镇大白山

发明人：刘品华、刘家森

法律状态：实审

文摘：本发明为一种魔芋饮品及其配制方法。用魔芋精粉、奶粉、生姜提取物、β-胡萝卜素和配制饮料常用的酸味剂、甜味剂、防腐剂、香精，加纯净水制成，饮品中含有魔芋精粉0.4%～1%，生姜提取物0.05%～0.08%，β-胡萝卜素0.02%～0.03%，蜂蜜0.5%～1%，阿斯巴甜0.04%～0.05%。或用魔芋精粉0.4%～1%，奶粉1%～5%，蜂蜜0.5%～1%，乳酸0.12%～0.15%，阿斯巴甜0.04%～0.05%。本发明解决了魔芋饮品存在的性寒和营养成分低的问题，使魔芋饮品适应更多口味和身体情况的人饮用，并有增加人体所需蛋白质营养的功能。

333. 多功能保健饮料

申请号：200810086731　　公开号：101263903　　申请日：2008年3月10日

申请人：潘志金

联系地址：(338000)江西省新余市劳动北路729号一栋三单元301

发明人：潘志金

法律状态：实审

文摘：本发明提供一种多功能饮料。其原料组成和质量分数为：胡萝卜20%～30%，白萝卜20%～30%，白萝卜叶20%～30%，牛蒡20%～30%，香菇0.2%～1.5%；原料与水的配比（按质量分数计）为：1∶3～5。本饮料各种营养成分含量丰富，是一种良好的强身健体的饮料；成本低廉，适合广大民众使用。

334. 芦笋汁饮料及其加工工艺

申请号：01108795　　公开号：1334043　　申请日：2001年8月30日

申请人：成都众康科技有限公司

联系地址：(610500)四川省成都市新都新广路27号

发明人：刘航、夏位碧

法律状态：视撤公告日：2004年7月14日

文摘：本发明提供了一种芦笋汁饮料。按质量计，该饮料中有芦笋原料浸出液750～850份，果蔬浸出液150～250份，冰糖15～25份，蛋白糖1～3份，食用碱0.01～0.05份。该饮料维生素、氨基酸含量丰富，色泽、口感好。本发明还提供了芦笋汁饮料的加工工艺，包括选料，原料处理，微粒粉碎，浸提，过滤，滤液分离，滤液调配，粗滤，精滤，杀菌等。

335. 葛根系列保健品及制配方法

申请号：01114428　　公开号：1317274　　申请日：2001年4月26日

申请人：周维凡

联系地址：(422400)湖南省武冈市邓元太镇周塘村一组

发明人：周维凡

法律状态：视撤公告日：2004年7月14日

文摘：本发明涉及一种葛根保健品及其配制方法。本发明为一种葛根晶体饮料和葛奶液体饮料，它分别由葛根粉、果蔬汁、马蹄汁、蔗糖、水等配制而成，经搅拌过筛、过滤、高温杀菌等工艺完成。产品属于纯天然饮料，无污染，并具有丰富的营养价值，长期饮用，可清热解毒，延年益寿。

336. 黑红薯汁饮料

申请号：01124157　　公告号：1121156　　申请日：2001年8月20日

申请人：尚友京

联系地址：(043700)山西省垣曲县黄河路晋海公司

发明人：尚友京

法律状态：因费用终止公告日:2010 年 11 月 10 日

文摘：本发明是一种黑红薯汁饮料。它以风靡美国、日本、俄罗斯及我国的台湾、香港等地蔬菜市场上的富硒植物黑红薯为主要成分,采用先进工艺和独特配方制成。产品为墨绿透明色,甜酸适口,风味独特,具有抗癌、抗病毒、降压、益心、养颜、延缓衰老等保健功能,而且成本低、生产工艺简单、无污染,是一种具有推广价值的绿色天然饮料新品种。

337. 一种黄瓜汁饮料

申请号：02113523　　公开号：1372849　　申请日：2002 年 3 月 26 日

申请人：李春涛

联系地址：(621702)四川省江油市武都镇长发实业有限公司

发明人：李春涛

法律状态：视撤公告日:2004 年 12 月 29 日

文摘：本发明公开了一种用黄瓜生产饮料的方法和原料配比。它采用新鲜黄瓜压榨取汁,其汁与白砂糖、薄荷油、水相混合,经灭菌、装袋得到成品。按质量计,其原料配比为:黄瓜汁 15～60 份,白砂糖 3～15 份,薄荷油 0.05～0.1 份,水 20～60 份。该饮料香味特别,口感舒服,不仅有解渴作用,还有较好的保健作用。

338. 一种防便秘饮料及其生产方法

申请号：200510017710　　公告号：1298257　　申请日：2005 年 6 月 20 日

申请人：陈沈源

联系地址：(450003)河南省郑州市金水区东二街 1 号楼 38 号

发明人：陈沈源

法律状态：因费用终止公告日:2010 年 9 月 1 日

文摘：本发明是一种防便秘饮料及其生产方法。其解决的技术方案是,利用中药之功效,果蔬之口感,科学配制出完全新式的保健饮料。本发明是采用西洋参、紫菜、香蕉、海带、芦荟、茭白、藕、荸荠、苦瓜、绿豆、黑木耳、马铃薯、菠菜、菱角、西瓜仁、西瓜皮加水煮熬过滤稀释及添加蜂蜜或冰糖制成。本发明口感好，既可作饮料，又具有保健功效，特别适于老年人或便秘患者饮用。

339. 南瓜单细胞汁的制备方法及其产品

申请号：200510122832　　公告号：100459885　　申请日：2005年12月6日

申请人：南京农业大学

联系地址：(210095)江苏省南京市卫岗1号南京农业大学科技处钱宝英

发明人：陆兆新、吕凤霞、张一青、别小妹、杨胜远、邹晓葵

法律状态：授权

文摘：本发明涉及南瓜单细胞汁的制备方法及其产品，属于一种采用酶技术制备蔬菜汁及其复合饮料的方法。它是利用 Aspergillus sp. Z-25 为菌株发酵生产原果胶酶，以此原果胶酶通过酶技术处理南瓜，制备南瓜单细胞汁，经过调配，制作成集营养和保健为一体的新型南瓜单细胞饮料或复合饮料。该产品能有效保持南瓜的营养成分、风味和色泽，单细胞表面和内部的张力较小，易与牛奶、酸奶、冰淇淋、汤等混合，适宜用作老人、婴儿以及病人的食品。酶的活力高、来源充足，成本相对较低，无论是提高食品的营养价值，增进保健功效，增强人类的健康素质，还是提高农产品的附加值，市场竞争力强，前景广阔。

340. 一种低聚木糖苦瓜保健饮料

申请号：200710114283　　公告号：101181056B　　申请日：2007年11月19日

申请人：毕建红、郭兆源、张秋玲

联系地址：(250031)山东省医学科学院附属医院济南市无影山路38号

发明人：毕建红、郭兆源、张秋玲

法律状态：授权

文摘：本发明提供一种低聚木糖苦瓜保健饮料。主要是由苦瓜、菊花、金银花、低聚木糖、蜂蜜、红枣、枇杷和四方麻为主要功能性原料，按质量比例配制而成的。本发明的低聚木糖苦瓜保健饮料具有营养保健与清热解毒

的双重功效，饮料中含有大量的维生素C、粗纤维、胡萝卜素，以及人体所必需的矿物质和钙、磷、铁等矿物质，还能够起到产生醋酸、乳酸使肠道pH值下降；抑制致病菌的生长、合成B族维生素、促进肠道蠕动；防止便秘、参与食物的消化作用；促进蛋白质的消化吸收、分解有害、有毒物质、提高人体免疫力的功效，对人体健康十分有益。

341. 一种苦瓜咖啡汁及其加工方法

申请号：200610135026　　公开号：101204185　　申请日：2006年12月20日

申请人：抚顺康脉欣生物制品有限公司

联系地址：(113006)辽宁省抚顺市顺城区新城路东段5号

发明人：薛宝满

法律状态：视撤公告日：2011年2月16日

文摘：本发明属于蔬菜汁饮料，涉及一种苦瓜咖啡汁及其加工方法。其原料质量分数为：苦瓜85%～95%，速溶咖啡1%～2%，食品添加剂4%～13%。加工工艺为：①挑选无病虫害、未腐烂变质及没有缺陷的苦瓜85%～95%，而后用水清洗干净并去除瓜瓤及种子，将去籽后的苦瓜破碎成汁，之后离心去除过多纤维果肉，再将料液在70℃～95℃加热30秒至5分钟预煮，预煮后过滤得到苦瓜汁。②在步骤①中得到的苦瓜汁加入1%～2%的速溶咖啡和4%～13%的食品添加剂并搅拌5～15分钟，在118℃～138℃灭菌10～60秒；灌入玻璃瓶中并旋盖，即得苦瓜咖啡汁成品。

342. 一种橄榄苦瓜汁饮料及其制备工艺

申请号：200710009099　　公开号：101069570　　申请日：2007年6月18日

申请人：唐金华

联系地址：(350001)福建省福州市西洪路西洪小区1号楼2909室

发明人：唐金华

法律状态：授权

文摘：本发明涉及的是一种橄榄苦瓜汁饮料及其制备工艺。该饮料是由橄榄和苦瓜为原料制成，其中各原料的质量配比为：鲜橄榄3～18份，鲜苦瓜5～45份。本饮料属于纯天然果蔬饮料，不但营养丰富，具有清暑涤热、利咽益喉的功用，而且制备工艺合理，经提取果汁后的橄榄，不影响加工为蜜饯食品，这样就充分保留利用了橄榄的营养物质，避免了资源浪费。因此，本发明具有很高的开发应用价值。

343. 苦瓜奶茶的生产方法

申请号：200710025394　　**公告号：**100539856　　**申请日：**2007年7月30日

申请人：袁长兵

联系地址：(211700)江苏省淮安市盱眙县盱城镇金源南路22-1号2幢205室

发明人：袁长兵、许庆华、刘献丁

法律状态：授权

文摘：本发明公开了一种苦瓜奶茶的生产方法。苦瓜奶茶的生产方法是：先将新鲜嫩苦瓜、新鲜茶叶、新鲜牛奶、柠檬酸、木糖醇和去离子水配料混合后进行粉碎打浆，然后进行磨浆乳化、均质处理、净化过滤、高温灭菌、罐装为成品。苦瓜奶茶成品是一种浅绿色乳汁状饮料，苦中有甜，由于保留了苦瓜中的粗纤维，原汁原味，清凉爽口，老少皆宜，特别适宜糖尿病病人饮用。苦瓜奶茶的生产方法也用于果蔬汁和茶饮料的生产工艺。

344. 红色苦瓜奶茶的生产方法

申请号：200710025395　　**公告号：**100551247　　**申请日：**2007年7月30日

申请人：袁长兵

联系地址：(211700)江苏省淮安市盱眙县盱城镇金源南路22-1号2幢205室

发明人：袁长兵、许庆华、刘献丁

法律状态：授权

文摘：本发明公开了一种红色苦瓜奶茶的生产方法。红色苦瓜奶茶的生产方法是：先将红色苦瓜、新鲜茶叶、新鲜牛奶、柠檬酸、木糖醇和去离子水配料混合后进行粉碎打浆，然后进行磨浆乳化、均质处理、净化过滤、高温灭菌、罐装为成品。红色苦瓜奶茶成品是一种浅红色乳汁状饮料，甜中有苦，由于保留了苦瓜中的粗纤维，原汁原味，清凉爽口，老少皆宜。红色苦瓜奶茶的生产方法也用于果蔬汁和茶饮料的生产工艺。

345. 山药奶茶的生产方法

申请号：200710025396　　公告号：100539857　　申请日：2007年7月30日

申请人：袁长兵

联系地址：(211700)江苏省淮安市盱眙县盱城镇金源南路22-1号2幢205室

发明人：袁长兵、许庆华、刘献丁

法律状态：授权

文摘：本发明公开了一种山药奶茶的生产方法。山药奶茶的生产方法是:先将新鲜山药、新鲜茶叶、新鲜牛奶、柠檬酸、木糖醇和去离子水配料混合后进行粉碎打浆,然后进行磨浆乳化、均质处理、净化过滤、高温灭菌、灌装为成品。山药奶茶成品是一种乳白色饮料,由于保留了山药中的粗纤维,原汁原味,清凉爽口,老少皆宜,特别适宜糖尿病病人饮用。山药奶茶的生产方法也用于果蔬汁和茶饮料的生产工艺。

346. 枸杞奶茶的生产方法

申请号：200710025399　　公告号：100563453　　申请日：2007年7月30日

申请人：刘献丁

联系地址：(211700)江苏省淮安市盱眙县马坝镇高桥街道

发明人：刘献丁、许庆华、袁长兵

法律状态：授权

文摘：本发明公开了一种枸杞奶茶的生产方法。枸杞奶茶的生产方法是:先将新鲜嫩枸杞、新鲜茶叶、新鲜牛奶、柠檬酸、木糖醇和去离子水配料混合后进行粉碎打浆,然后进行磨浆乳化、均质处理、净化过滤、高温灭菌、罐装为成品。枸杞奶茶成品是一种浅红色乳汁状饮料,由于保留了鲜枸杞中的粗纤维,原汁原味,清凉爽口,老少皆宜,特别适宜糖尿病病人饮用。枸杞奶茶的生产方法也用于果蔬汁和茶饮料的生产工艺。

347. 蔬菜汁及其制作方法

申请号：200710060684　　公开号：101467736　　申请日：2007年12月27日

申请人：天津市中英保健食品有限公司

联系地址：(300122)天津市红桥区光荣道竹山路13号

发明人：王爱民、赵金樑

法律状态：公开

文摘：本发明提供蔬菜汁及其制作方法，涉及一种保健食品的配方及制作方法。该产品采用蔬菜、糖类和水为原料按一定配比加工而成的。制作方法：将蔬菜经选料、清洗、浸取、榨汁、母液粗滤、细滤、加入糖类、制成饮料和灭菌消毒而成。本发明的有益效果是，一种纯天然绿色食品，保持了鲜蔬菜的原有营养成分，有效成分和固有的清香味，它不含任何化学添加剂和防腐剂。本果汁的制备工艺过程简单，成本低。这种口服液不但适应现代人的生活节奏，还能够使人体得到更好地吸收。

348. 一种具有抗癌功能的饮料

申请号：200710187464　　公开号：101444317　　申请日：2007年11月27日

申请人：张华

联系地址：(100027)北京市朝阳区三里屯中九楼929号

发明人：张华

法律状态：公开

文摘：本发明所提供的是一种具有抗癌功能的饮料。其主要原料为白菜、西兰花、花菜。科学实验证明，在上述3种蔬菜中含有一种GEITC的物质，该物质具有广泛的防癌、抗癌的功能。因此，用上述3种蔬菜汁制成的饮料就具备防癌、抗癌的功能。

349. 辅助治疗便秘的饮品

申请号：200810021124　　公开号：101327261　　申请日：2008年7月25日

申请人：夏永

联系地址：(221011)江苏省徐州市贾汪区、贾汪镇水利局宿舍2号楼1单元102

发明人：夏永

法律状态：公开

文摘：本发明涉及一种药食两用饮品，是一种辅助治疗便秘的饮品。

其原料质量配比为：芹菜 80～100 份，苦瓜 80～100 份，青萝卜 80～100 份，郁李仁、火麻仁各 8～12 份。其制备方法是：将芹菜、苦瓜、青萝卜榨汁备用；将郁李仁、火麻仁碾成粉末，服用时用蔬菜汁送服郁李仁、火麻仁粉末。优点是可以有效地治疗便秘，长期服用无毒副作用。

350. 一种乳酸菌发酵蔬菜汁饮料的制备方法

申请号：200810042081　　公开号：101341995　　申请日：2008 年 8 月 26 日

申请人：上海应用技术学院

联系地址：(200235)上海市徐汇区漕宝路 120 号

发明人：张赟彬

法律状态：实审

文摘：本发明公开了一种乳酸菌发酵蔬菜汁饮料的制备方法。蔬菜经挑选、清洗，切块 2 厘米×3 厘米，称量后加入 3～5 倍重量的沸水烫漂 10～20 秒，再煮 5～10 分钟，冷却至 30℃，取蔬菜打浆榨汁、过滤得原汁，再加入同体积 2%的盐水，混匀后灭菌 100℃ 10～15 分钟，冷却至 40℃～45℃后接种乳酸菌(保加利亚乳杆菌：植物乳杆菌＝1：1)发酵，添加 1%乳糖和 1.5%辣椒粉，35℃发酵 2 天得发酵饮料成品。所得饮料，以酸味和咸味为主，别具清凉、爽口、醇和类似泡菜的特殊风味。同时，该乳酸菌饮料利用新鲜蔬菜汁为原料，与传统利用乳制品原料相比，对于降低乳酸菌发酵饮料的成本，在增加乳酸菌饮料的花色品种、开发蔬菜的新的用途方面具有重要意义。

351. 一种瓜、豆饮料的制备方法

申请号：200810054522　　公开号：101224024　　申请日：2008 年 2 月 2 日

申请人：李玉敬

联系地址：(066600)河北省秦皇岛市昌黎县马坨店乡李家庄村

发明人：李玉敬

法律状态：实审

文摘：本发明提供了一种瓜、豆饮料的制备方法。其工艺程序为：首先按质量选取冬瓜、大豆、食用纯碱；将冬瓜粉碎提取冬瓜汁，再将大豆放入冬瓜汁中常温浸泡，待大豆完成吸汁饱和，解除休眠开始萌生时，将吸汁的大

豆进行磨浆过滤得到混合浆汁；将混合浆汁放入蒸汽装置进行熟化处理；将熟化处理的浆汁进行加热、过滤；经过滤处理后温度降低，得到一定浓度的熟化浆；在上述的熟化浆中加入食用纯碱，经高温灭菌，即为成品。由于该方法科学合理，有效简化了制备方法，降低了生产成本，提高了生产效率。同时，本发明的饮料除具有保健食品的直接饮用功能，而且还可以作为水果、蔬菜的洗涤用品、洗手液以及人体防干燥用的润滑液等生活用品。

352. 预防和治疗空调病的保健饮料及其制备方法

申请号：200810070299　　公开号：101347234　　申请日：2008年9月16日

申请人：王远达

联系地址：(400023)重庆市江北区雨花村134号

发明人：王远达

法律状态：实审

文摘：本发明公开了一种预防和治疗空调病的保健饮料。按质量计，各原料组成配比为：芹菜4～6份，豆腐花4～6份，米饭9～11份，绿叶蔬菜4～6份，豆腐花水4～6份，水70～90份。其制备方法为：将芹菜、绿叶蔬菜分别煮熟后立即置豆腐花水和水中冷却至室温，再与热米饭混匀，待冷却至室温后加入豆腐花，粉碎，过滤，灭菌即得。本发明保健饮料配伍独特，原料来源广泛，成本低廉，制备方法简单；具有辛散解表、清热解暑、润燥利水的功效；适用于有紧张烦躁、注意力难以集中、疲倦乏力、发热、头晕头痛、鼻塞、流涕、咽喉肿痛、咽干口渴、咳嗽和胃肠不适等症状的空调病患者，以及健康人群；经常饮用更可起到良好的预防和保健作用，服用安全。

353. 一种PET瓶装澄清型莲藕汁系列饮料的加工方法

申请号：200810123327　　公开号：101297709　　申请日：2008年5月23日

申请人：江南大学

联系地址：(214122)江苏省无锡市蠡湖大道1800号江南大学食品学院

发明人：夏文水、姜启兴、张家骊、项建琳、许学勤

法律状态：实审

文摘：本发明为一种PET瓶装澄清型莲藕汁系列饮料的加工方法，属

于食品加工技术领域。本发明以新鲜莲藕为原料，通过去节清洗、破碎、胶磨、浆渣分离、酶解、澄清、分离、过滤、调配、均质、脱气、杀菌、热灌装、封口、倒瓶、冷却和检验步骤，利用现代生物技术、护色技术及保藏技术，生产的新型 PET 瓶装澄清型莲藕汁系列饮料。本发明方法生产的莲藕汁饮料，澄清、莲藕风味浓郁，可常温保藏，食用方便，采用一次杀菌热灌装，杀菌强度低，对产品营养成分破坏少。

九、蔬菜保鲜技术

354. 一种鲜切蔬菜褐变抑制剂及其应用

申请号：200410014275　　公告号：1262194　　申请日：2004 年 3 月 11 日

申请人：南京农业大学

联系地址：(210095)江苏省南京市卫岗 1 号南京农业大学科技处钱宝英

发明人：郁志芳、陆兆新、康若祎

法律状态：因费用终止公告日:2008 年 5 月 7 日

文摘：本发明是一种鲜切根茎类蔬菜褐变抑制剂的制备及其应用，专用于鲜切根茎类蔬菜生产中的褐变控制。按质量分数计，该褐变抑制剂包括：半胱氨酸 0.1%～0.2%，醋酸锌 0.1%～0.2%，柠檬酸 0.2%～0.3%，氯化钙 0.2%～0.3%，其余为水。将清洗、切分好的鲜切根茎类蔬菜投入该褐变抑制剂溶液，浸泡 8～15 分钟，包装后置于 4℃～5℃条件下可贮藏 12 天以上。本发明不含亚硫酸盐，完全可以取代亚硫酸盐。各组分均为食品添加剂，使用的浓度低于规定的标准，是安全的。

355. 一种控制红色蔬菜热风干制品保藏期内褪色的方法

申请号：200810244416　　公开号：101427703　　申请日：2008 年 12 月 2 日

申请人：海通食品集团余姚有限公司、江南大学

联系地址：(315400)浙江省余姚市泗门镇工业功能区海通路 88 号

发明人：罗镇江、张慜、叶卫东、江玲、范柳萍、张卫明、鲍华军、杨方银

法律状态：授权

文摘：本发明为一种控制红色蔬菜热风干制品保藏期内褪色的方法，属于果蔬加工技术领域。红甜椒、胡萝卜等热风干制品的保藏期较长，但在贮藏期内存在严重的退色问题。针对这个问题，本发明将干燥过程按照以下几点进行控制：首先进行前处理的控制，采用热烫以及添加护色剂的方法保护其色泽；其次干燥过程中温度、时间参数的控制；最后是干燥后的涂膜

以及包装处理,从而最大限度地保证产品在贮藏期内原有色泽的保持。本发明的优点是:从内部和外部联合控制干制品色素的降解,保证处理在整个贮藏过程中发挥作用。

356. 一种控制生冻蔬菜或食用菌微生物的联合前期处理方法

申请号:200810244417　　公开号:101433232　　申请日:2008年12月2日

申请人:海通食品集团股份有限公司、江南大学

联系地址:(315300)浙江省慈溪市海通路528号

发明人:孙金才、张慜、马海燕、屠亚丽、张卫明、郑丹丹、王维琴

法律状态:实审

文摘:本发明为一种控制生冻蔬菜或食用菌微生物的联合前期处理方法,属于果蔬食品安全控制技术领域。本发明将新鲜蔬菜或食用菌原料进行选取、清洗、沥干、筛选、切分、杀菌灭酶、预冷、速冻和包装;杀菌采用臭氧水与超声波联合处理,条件为:臭氧水浓度9～15毫克/升,超声波功率1 000～1 200瓦,协同处理时间60～90秒钟,超声波间歇时间5秒钟;5℃冰箱中预冷5～10分钟,再置于单体速冻机中在－35℃～－40℃条件下快速冻结至产品中心温度达－18℃以下,在低于－5℃的低温环境下快速包装,包装后产品置于－18℃以下的条件下贮藏。将臭氧水与超声波结合的杀菌方法,由于超声波的协同作用使臭氧水的杀菌作用更好,使微生物总量控制在1 000个/克以内,大肠菌群(或大肠杆菌)达标(阴性)。由于无热处理使产品的色泽、风味和营养成分的损失减少,使速冻产品的品质,如颜色、风味等得到更好的保持。

357. 蔬菜护绿剂

申请号:200410043618　　公告号:1294855　　申请日:2004年6月10日

申请人:哈尔滨商业大学、杨铭铎

联系地址:(150076)黑龙江省哈尔滨市道里区通达街138号

发明人:杨铭铎、缪铭、孙兆远、侯会绒

法律状态:因费用终止公告日:2010年9月1日

文摘:本发明涉及一种绿色蔬菜的护绿剂的组分,属于蔬菜加工处理技术领域。其特点是:为了克服现有护绿方法漂烫温度过高,有一定毒副作

用和颜色发暗的不足，本发明提供一种护绿剂，该护绿剂不仅在较低的温度下达到良好的钝酶效果，而且能保持蔬菜原有鲜艳的绿色，同时也将毒副作用降到最低。其组分的质量分数为：亚硫酸钠10%～30%，碳酸氢钠10%～30%，醋酸锌10%～30%，醋酸铜5%～20%，氯化钠5%～20%，玉米淀粉10%～30%。本发明优点在于：钝酶时间短，漂烫温度低；护绿效果好，在较长时间保持蔬菜的原本绿色；产品使用量小，成本低；蔬菜经过一次加热处理，减少再加热的时间，节省了能源。本发明提供的护绿剂在较低的温度（50℃以下）下处理蔬菜即可防止蔬菜的褐变，并长时间保持蔬菜原有鲜艳的绿色。

358. 蔬菜保脆剂

申请号：200410043620　　**公告号**：1251603　　**申请日**：2004年6月10日

申请人：哈尔滨商业大学、杨铭铎

联系地址：（150076）黑龙江省哈尔滨市道里区通达街138号

发明人：杨铭铎、缪铭、孙兆远、侯会绒

法律状态：因费用终止公告日：2010年9月1日

文摘：本发明涉及蔬菜，属于蔬菜加工领域的蔬菜保脆剂。其组分的质量分数为：亚硫酸钠10%～30%，碳酸钠10%～30%，海藻酸钠10%～30%，氯化钙10%～30%，玉米淀粉10%～50%。本发明利用亚硫酸钠的氧化作用在较低温度下（50℃以下）进行快速钝酶（2～10分钟），迅速破坏果胶分解酶以保证蔬菜中果胶数量不发生太大变化，从而达到保脆效果。同时，亚硫酸钠也可以使得引起蔬菜酶褐变的过氧化物酶迅速失活，从而达到阻止蔬菜产生褐色的目的。海藻酸钠可以渗透到蔬菜组织间隙，与渗透进来的钙离子形成不可逆凝胶体，进一步强化了组织的强度，使保脆效果更加明显。玉米淀粉的作用是：在蔬菜形成一层薄膜，既可以包裹少量的钙离子以延长保脆时间，又可以使加工后的蔬菜表面发亮。

359. 植物汁液保鲜剂及其制备方法

申请号：01130039　　**公告号**：1209975　　**申请日**：2001年12月7日

申请人：陈俊昌

联系地址：（510642）广东省广州市五山街华农大茶山区7栋605

发明人：陈俊昌

法律状态：因费用终止公告日：2010 年 2 月 3 日

文摘：本发明提供一种植物汁液保鲜剂组分。其组分（按质量分数计）如下：大蒜 20%～50%，洋葱 15%～30%，姜 10%～20%，辣椒 5%～10%，萝卜 10%～20%，肉桂 5%～10%。制备上述植物汁液保鲜剂的方法，包括如下步骤：①将洋葱、大蒜、姜、萝卜、辣椒混合均匀；②将混合物破碎；③将破碎后的混合物压榨过滤取汁；④将肉桂破碎并萃取汁液；⑤将各组分的汁液混合均匀。本植物汁液保鲜剂作用效果明显，可以有效地杀灭或抑制食品中的绝大部分细菌，保鲜效果好，适用范围广，使用安全，卫生、可靠，环保效果好，造价低，生产过程简单，应用前景广阔。

360. 一种生物气调包装保鲜技术

申请号：01138742　　公开号：1351837　　申请日：2001 年 11 月 28 日

申请人：胡东风、韩瑞君、黄勃

联系地址：（116023）辽宁省大连市甘井子区凌工路 2 号大连理工大学产业处

发明人：胡东风、韩瑞君、黄勃

法律状态：视撤公告日：2006 年 5 月 31 日

文摘：本发明为一种生物气调包装保鲜技术，特别涉及水果、蔬菜的气调保鲜技术，属于保鲜技术领域。本发明是将水果、蔬菜清洗、消毒后，和吸湿剂、气体生发剂一起装入复合真空膜袋内，经抽真空、充氮气置换气体，最后充入专用气体并封袋。本发明投资少、保证果蔬的最佳休眠状态、能够长途运输、并能够处理其生物生存过程中排放的有害气体。

361. 植物保鲜剂及制备方法

申请号：02113237　　公告号：1215802　　申请日：2002 年 1 月 17 日

申请人：刘建国

联系地址：（408400）重庆市南川市南坪镇甘罗村红山厂职工宿舍 1 栋 3-1 号

发明人：刘建国

法律状态：授权

文摘：本发明公开了一种以白菜、芹菜、胡萝卜、萝卜、玉米、麦麸、千里光、苹果、无花果、千金藤、蜂蜜为原料制备的纯天然植物保鲜剂。这里也公开了一种生产方法，其特征是将白菜、芹菜、胡萝卜、萝卜、苹果、玉米、麦麸和千里光粉碎后，按比例配方，发酵7～8天，过滤，滤液静置5天再加入无花果、千金藤、蜂蜜发酵7天，过滤，滤液静置10天，再压滤，滤液为纯天然植物保鲜剂。主要用于果蔬、禽肉、海产、调味品保鲜。

362. 天然复合护色、保脆保鲜剂

申请号：03135525　　公告号：100341426　　申请日：2003年8月4日

申请人：陈功、余文华

联系地址：(611130)四川省成都市温江区柳河路335号

发明人：陈功、余文华

法律状态：授权

文摘：本发明是以纯天然保鲜、护色为主体及复合少量的化学药剂，对革兰氏阳性菌、革兰氏阴性菌、霉菌及酵母菌有很强的抑制作用，并具有很强的护色功能。鲜切蔬菜可用此液进行浸泡处理，其他新鲜蔬菜可喷洒在其表面上，同样也能起到保鲜护色的效果。为蔬菜加工厂由于加工原料切分后褐变带来的不便找到了解决问题的办法，同时也可延长新鲜蔬菜的货架期。

363. 多种口味的冻干保鲜蔬菜及其制备方法

申请号：02116433　　公告号：1270626　　申请日：2002年4月4日

申请人：林开中

联系地址：(100004)北京市建国门外大街1号国贸大厦西楼1层L124A

发明人：林开中

法律状态：授权

文摘：本发明涉及一种多口味的冻干保鲜蔬菜及其制备方法。本发明是在冻干核的外层包设有一调味层；所述的冻干核可选用下列一种蔬菜：冬瓜、胡萝卜、番茄、山药、萝卜、西芹、地瓜；所述的调味层至少可选用下列一种原料：巧克力、黄油、奶酪和辣味调料。本发明的制备方法是：精选、调味

处理、冻干处理、脱水干燥和包层处理等。本发明的优点在于：本产品不仅保留了新鲜蔬菜的营养价值成分，而且具有多种口味、高维生素、高植物纤维成分，并且贮存时间长、携带方便；不含有防腐剂和色素，还克服了巧克力、黄油、奶酪食品特有的口感甜度高、不宜多食的不足，同时也改变了在炎热的夏季不宜食用巧克力的状况。本产品可成为人们喜爱的早餐和休闲食品。

364. 天候气调光合保鲜方法及其设备

申请号：02116584　　公告号：1165457　　申请日：2002年4月12日

申请人：刘怀寅

联系地址：(100074)北京市丰台区云岗北镇岗南里12楼东单元9号

发明人：刘怀寅

法律状态：授权

文摘：本发明为一种天候气调光合保鲜方法。采用天候、光合、气调三位一体的方法，先将采摘的苗菜用清水、臭氧水洗干净；放到风干床上风干表皮水分，捆好放入保鲜气调盒内；封口，向保鲜气调盒内充臭氧；再充二氧化碳气；将保鲜气调盒放入冷库；销售后返还保鲜气调盒。其设备由充气装置和保鲜气调盒配套，充气装置壳体内固定有臭氧发生器和氧气发生器，由气管连接孔与外接的二氧化碳气瓶经气管相连，二氧化碳气瓶与控制充气量的电磁阀、减压阀和时间继电器相连，气管与保鲜气调盒充气嘴连接，保鲜气调盒是不透气、半透明的塑料容器，保鲜气调盒的形状是盒状或杯状。本发明操作简单，成本低，便于推广，无环境污染，是绿色芽苗菜、果菜保鲜的可靠设备。

365. 油豆角气调贮藏保鲜方法

申请号：03111242　　公开号：1531857　　申请日：2003年3月20日

申请人：车千里

联系地址：(154007)黑龙江省佳木斯市千里绿色产业有限公司(佳木斯市中山街529号)

发明人：车千里、刘京泽、兰延龙

法律状态：视撤公告日：2006年11月29日

文摘：本发明涉及寒地夏菜蔬菜的保鲜方法，特别是一种油豆角气调贮藏保鲜方法。它是以油豆角为原料，首先进行气调库消毒、预冷、控制温度7.5℃～9℃，氧气含量6%～8%，二氧化碳含量1%～2%，空气相对湿度90%～95%，油豆角入库封库后立即进行气调，以确保气体指标维持在设定的范围内。用该方法贮藏保鲜的油豆角，延长了贮藏期和货架期，可达到90天，而且，油豆角出库后，是从休眠状态向正常状态转化的过程，使其货架期由普通贮藏的3～4天，延长到7～10天，是一般冷藏的2～3倍，用气调保鲜库贮藏的油豆角，气调指标易于控制和测量，可抑制油豆角菌的生长及病虫害的发生，从而不施用油豆角专用保鲜剂和杀菌剂，实现了绿色食品和批量生产贮藏。

366. 嫩鲜蒜的保鲜方法

申请号：200310105453　　**公告号**：1273028　　**申请日**：2003年10月27日

申请人：山东鲁林冰轮果蔬保鲜技术有限公司

联系地址：(250013)山东省济南市历山路2号

发明人：王国利、杜卫东、王贵禧、袁建华、肖珂宁

法律状态：授权

文摘：本发明涉及蔬菜保鲜技术，尤其是鲜蒜的保鲜方法。本发明的技术方案是：将嫩鲜蒜的保存温度控制在－0.5℃～0.5℃，空气相对湿度控制在90%～95%，贮存在周围气体为氧气含量4.5%～5.5%、二氧化碳含量15%～16%的环境中。本发明方法使嫩鲜蒜基本处于冬眠状态，所以能保存0.5～1年。

367. 一种蒜薹保鲜剂

申请号：200510104928　　**公告号**：100442986　　**申请日**：2005年9月22日

申请人：河北农业大学

联系地址：(071001)河北省保定市河北农业大学

发明人：王颉、张子德、刘彩丽

法律状态：因费用终止公告日：2010年12月1日

文摘：本发明涉及一种蔬菜保鲜剂，主要用于蒜薹的贮藏保鲜。所述的蒜薹保鲜剂是固体烟熏剂，该保鲜剂由下列物质组成：噻苯咪唑3%～

4%，硝酸铵3%～7%，植物生长调节剂0.001%，锯末89%～94%。本发明的有益效果是，噻苯咪唑为GB 2760－1996食品添加剂使用卫生标准中允许使用的防腐剂，以其为主要有效成分的蒜薹保鲜剂使用方便，毒性低，稳定性高，抗菌谱广，杀菌效力的持续时间长。采用该保鲜剂处理结合小包装硅窗气调贮藏的蒜薹，在8个月的贮藏过程中，薹条脆嫩，薹梢仍能保持鲜绿色。

368. 保鲜脱水芹菜的加工方法

申请号：200410057113　　公告号：1279831　　申请日：2004年8月24日

申请人：宋述孝

联系地址：(265226)山东省莱阳市大夼镇政府驻地莱阳市远洋食品有限公司

发明人：宋述孝

法律状态：授权

文摘：本发明涉及一种芹菜的加工方法，是一种运用冷冻和真空干燥脱水技术加工的芹菜及其制备方法。属于蔬菜加工技术领域。加工方法为：①备料、清洗和消毒；②漂烫；③速冻；④真空干燥脱水；⑤真空包装。本发明采用速冻方法和真空干燥脱水技术，去除芹菜中97%以上的水分，保持原营养成分不变，而且重量轻，只需防潮包装便可长时间存放，不受季节、地域限制，随时随地都可携带食用。食用时，只需热水冲泡即可恢复到新鲜时的状态，炒、拌、炝、腌、做馅，或作配料菜均可，既省时省力又能保持新鲜芹菜的口味和营养成分，而且颜色纯正、口味营养均无改变，从而改变芹菜传统的烹饪方法，为百姓家常菜的食用与开发做出有益的贡献。

369. 一种山药保鲜贮存方法

申请号：200710015376　　公告号：100569083　　申请日：2007年7月16日

申请人：刘双连

联系地址：(261041)山东省潍坊市奎文区广文街李家小区11-2-101

发明人：刘双连

法律状态：授权

文摘：本发明涉及一种蔬菜的保鲜贮存技术，是一种山药保鲜贮存技术。本技术包括备料、入库贮存、烟熏灭菌等步骤，在入库贮存期间根据山药的萌芽期适当降低冷藏温度，达到降低其生物活性、抑制萌芽、防止腐烂的目的。采用该技术贮存山药可以将保存期延长到14个月左右。

370. 食用菌生物保鲜剂制备方法

申请号：200710057286　　公开号：101049177　　申请日：2007年4月30日

申请人：天津市工业微生物研究所

联系地址：(300462)天津市天津经济开发区西区新圣路以西，新业九街以北

发明人：张刚、奚震、韩慧、郝景雯、何雨青

法律状态：实审

文摘：本发明涉及食用菌生物保鲜剂制备方法，属于以液体或固体形式对蔬菜的保存方法。本发明首先取筛分后竹荪加入水，超声波处理；然后加入果胶酶酶解；所得酶解后物料加乙醇浸提，保留滤液；滤渣再次浸提，合并所得滤液减压浓缩真空度至无乙醇蒸出的膏状，喷雾干燥成粉，即为脂溶性生物保鲜剂。这样制备的产品能促进原料细胞壁的分解，提高提取率。在食用菌软罐头生产中的应用，可使食用菌深加工产品达到保存时间长、口感好、热敏营养成分损失小，并以天然安全的方法保持食用菌产品的风味、特色和营养，使产品的安全度和档次大幅度提升，从而可提高我国食用菌深加工业的技术创新能力和产品竞争力。

371. 鲜笋的一种保鲜方法

申请号：200710060731　　公开号：101467550　　申请日：2007年12月27日

申请人：天津市中英保健食品有限公司

联系地址：(300122)天津市红桥区光荣道竹山路13号

发明人：王爱民、赵金樑

法律状态：公开

文摘：本发明提供一种鲜笋的保鲜方法，属于果蔬的保鲜技术。其特征在于：将刚刚摘下的鲜笋经选料、带壳蒸煮、冲洗、切割、装入容器内、加入溶解的保鲜剂、密封处理。本发明处理的鲜笋能长期保鲜，风味浓郁，维生素C保存率大于或等于70%。仍保持天然新鲜鲜笋香气和品质，适合作为

各种鲜笋风味食品或饮品的原料，并能解决远途运输中鲜笋的保鲜的难题。这对丁鲜笋远途运输具有较高的经济价值。这样的方法同时适宜于处理其他水果和蔬菜。

372. 带箨生笋保鲜的方法

申请号：02125458　　公告号：1195417　　申请日：2002年8月9日

申请人：国家林业局竹子研究开发中心

联系地址：(310012)浙江省杭州市文一路138号

发明人：王树东、石全太、尤匡银

法律状态：因费用终止公告日：2009年10月7日

文摘：本发明属于果蔬保鲜技术，特别涉及带箨生笋保鲜的方法。用等离子体杀菌器，通电后产生负离子雾及臭氧对容器中的笋进行杀菌、用无菌水喷雾保湿、用天然保鲜剂及糖水液保营养、保色泽、冷藏降低呼吸强度等综合措施，进行冷藏保鲜。冷藏库温度为1℃～5℃，以1℃～2℃为好，可保鲜2个月(专用冷藏库可保鲜3个月)，能达到保水、保色泽、食用安全的目的，能使竹笋增值3倍以上并调节竹笋市场供应季节。

373. 熟竹笋的保鲜方法

申请号：02125459　　公告号：1247097　　申请日：2002年8月9日

申请人：国家林业局竹子研究开发中心

联系地址：(310012)浙江省杭州市文一路138号

发明人：石全太、王树东、尤匡银

法律状态：授权

文摘：本发明属于果蔬保鲜领域，特别涉及熟竹笋的保鲜方法。该方法包括以下步骤：①对毛竹笋煮熟→速冷→剥箨；②清水漂洗，并进一步用L-谷氨酰胺或用L-谷氨酸调整洗液的pH值，使笋的pH值4.6～5；③笋分级→称重→装入保鲜容器内；④加茶多酚和L谷氨酰胺或L-谷氨酸和食盐，其中茶多酚∶L-谷氨酰胺或L-谷氨酸∶食盐的质量比为1.5～3∶2.5～6.5∶91～96；⑤加无菌水浸没竹笋；⑥排气→密封→保存。保鲜6个月左右的竹笋，色泽正常，无异味，笋组织脆嫩，各项食卫指标检验合格，食用安全。对低价的毛竹笋进行保鲜，不但能调节笋市场供应季节，而且通过再精加工能增值 2 倍以上。

374. 熟竹笋保鲜剂及使用方法

申请号：02129613　　公开号：1480051　　申请日：2002 年 9 月 2 日

申请人：国家林业局竹子研究开发中心

联系地址：(310012)浙江省杭州市文一路 138 号

发明人：石全太、王树东、尤匡银

法律状态：视撤公告日：2005 年 9 月 7 日

文摘：本发明属于果蔬保鲜领域，特别涉及熟竹笋保鲜剂及使用方法。所述的保鲜剂的组成及含量为：D-异抗坏血酸钠 76%～89%，山梨酸钾或柠檬酸 10%～20%，焦磷酸钠 1%～4%。在使用保鲜剂时，每桶熟竹笋除加保鲜剂外，另加食盐，并用清水浸没熟竹笋，然后排气→密封→保存，其中熟竹笋：保鲜剂：食盐的质量比为 97～99：0.3～0.4：1.07～2.5。该保鲜剂可保鲜熟竹笋 6 个月左右，保鲜后的竹笋色泽正常、笋质脆嫩、无异味、食用安全；用保鲜笋为原料再精加工，能提高笋的产值 2～8 倍。

375. 一种低温下芦笋的保鲜工艺

申请号：200710039750　　公开号：101288420　　申请日：2007 年 4 月 20 日

申请人：上海水产大学

联系地址：(200090)上海市杨浦区军工路 334 号

发明人：谢晶、张喜才、韩志

法律状态：实审

文摘：本发明属于蔬菜保存方法，涉及一种低温下芦笋的保鲜工艺。其工艺是将芦笋洗净污垢后，进行预冷，再放入壳聚糖保鲜液中浸泡，捞出，晾干后贮藏在 2℃条件下。本发明采取壳聚糖作为保鲜剂，贮藏在低温环境中，有效抑制了芦笋的呼吸作用，降低了失水速率，减缓了老化。

376. 一种水生蔬菜保鲜剂

申请号：200710052848　　公告号：100539852　　申请日：2007 年 7 月 27 日

申请人：湖北省农业科学院农产品加工与核农技术研究所

联系地址：(430065)湖北省武汉市洪山区南湖瑶苑8号

发明人：何建军、陈学玲、周明、王俊、关健、周明全、胡中立、邱正明、姚明华

法律状态：授权

文摘：本发明为一种水生蔬菜保鲜剂。该保鲜剂由柠檬酸、氯化钙、三聚磷酸钠及维生素C的水溶液组成，各组分的质量分数为：0.15%～0.2%柠檬酸，0.5%氯化钙，0.3%～0.5%三聚磷酸钠，0.15%～0.2%维生素C。本保鲜剂用于新鲜莲子、新鲜茭白、新鲜莲藕的保鲜。保鲜方法是，先用一定浓度的二氧化氯浸泡杀菌处理过的新鲜莲子、茭白和莲藕15分钟，再用一定比例的保鲜剂浸泡杀菌后的沥干的新鲜莲子、茭白和莲藕2小时后，沥干游离水，将物料进行真空包装或气调包装，置于0℃～5℃环境中贮藏，水生蔬菜的保鲜期大于或等于60天。本保鲜剂经毒性试验，处于相对无毒级别。本保鲜剂具有安全、高效的特点且不含有亚硫酸盐类成分物质。

377. 一种延长海水蔬菜保鲜期的三段复合处理方法

申请号：200810019048　　公告号：101213986B　　申请日：2008年1月11日

申请人：江南大学、江苏晶隆海洋产业发展有限公司

联系地址：(214122)江苏省无锡市蠡湖大道1800号江南大学食品学院

发明人：张慜、陆东和、蔡金龙、周祥、朱铖培

法律状态：授权

文摘：本发明为一种延长海水蔬菜保鲜期的三段复合处理方法，属于果蔬保鲜贮藏技术领域。本发明首先对采摘后的新鲜海水蔬菜原料进行常规挑选后，通过控水真空快速冷却使其品温迅速下降；而后用一定浓度的外源一氧化氮进行处理；处理后的海水蔬菜，采用镶嵌有硅橡胶膜的硅窗气调包装容器进行气调包装。本发明的优点是：依据海水蔬菜原料采后生理生化变化规律，综合应用不同保鲜措施的优点，并通过三段复合处理方法，使海水蔬菜的采后品质变化降到最低程度，从而最大限度地延缓其采后成熟衰老进程，最终获得尽可能长的贮藏保鲜期。

378. 一种菠菜的贮藏保鲜方法

申请号：200810061211　　公告号：101258870B　　申请日：2008

年 3 月 18 日

申请人：浙江省农业科学院

联系地址：(310021)浙江省杭州市石桥路 198 号

发明人：郜海燕、陈杭君、葛林梅、毛金林、宋丽丽

法律状态：授权

文摘：本发明涉及一种菠菜的贮藏保鲜方法，属于蔬菜贮藏保鲜技术领域。该方法包括：①对达到采收规格的菠菜应及时进行采收；②将菠菜迅速预冷至 4℃～7℃；③将菠菜分装入菠菜专用保鲜袋内，扎紧袋口，并置于－1℃～2℃、90%～98%空气相对湿度的冷库内，2～3 小时后解开袋口，插入内径为 30 毫米的空管后再扎口，以维持袋口的通气度，自动调节袋内二氧化碳 5%～8%，氧气 8%～12%的气体环境；④以 5～7 天为 1 个周期，进行打开袋口，换气 2～3 小时后再插入空管扎口的管理工作，直至贮藏结束。本发明成本低廉，简便易行，贮藏效果较好，25 天后仍保持良好的商品性。本发明可在广大菜农、贩销大户或加工企业推广应用。

379. 芦蒿等茎秆型蔬菜的保鲜方法

申请号：200410014273　　公告号：1276716　　申请日：2004 年 3 月 11 日

申请人：袁世明

联系地址：(210043)江苏省南京市八卦洲青龙尾村 156 号之 2

发明人：袁世明

法律状态：因费用终止公告日:2010 年 9 月 1 日

文摘：本发明为芦蒿等茎秆型蔬菜的保鲜方法。其特征是经过脱水、脱水至鲜重的 35%～80%时保藏，并经浸水回鲜步骤。本发明特点是：有比较长的保鲜期：脱水后再经低温保鲜可以在 120 天以上，而真空保鲜为 80 天。能满足在当年夏季进入市场食用。本发明可以以“净菜”进行脱水，而现有常规销售还是整棵芦蒿收获上市的。保鲜的品质高，适口性好，达到鲜菜的水平。

380. 鲜切茎用芥菜的加工工艺及其物理保鲜方法

申请号：200710301937　　公开号：101461415　　申请日：2007 年 12 月 21 日

申请人：谢双燕

联系地址：(452470)河南省登封市君召乡谢村

发明人：贾普选

法律状态：公开

文摘：本发明涉及一种鲜切蔬菜，特别是在鲜切茎用芥菜加工工艺中应用的物理保鲜方法。本发明提供的物理保鲜方法与鲜切茎用芥菜的加工工艺密不可分。其目的在于使鲜切芥菜窜辣风味和营养成分保持相当长的时间而不被破坏；辅料中的食盐成分仅仅作为调味品参与其中，与抑菌的作用无关。本发明所提供的方法，应用在鲜切茎用芥菜加工工艺中，即可使菜品在<15℃条件下至少保鲜6个月，其自身的窜辣风味和营养价值得以完好保存。

381. 中国大白菜的保鲜新方法

申请号：200810239854　　公开号：101744032A　　申请日：2008年12月22日

申请人：北京亿事达都尼制冷设备有限公司

联系地址：(102200)北京市昌平区科技园区利祥路2号

发明人：杜玉宽、杜新荣、罗云波、王贵禧、葛振华、倪东平、楚元新、卢金水

法律状态：公开

文摘：本发明涉及蔬菜的保鲜技术，尤其是中国大白菜的保鲜方法。本发明的技术方案是：中国大白菜在采收后立即预冷，并在6小时内将中国大白菜的温度预冷到0℃，然后将中国大白菜进行气调贮藏，贮藏温度0℃，空气相对湿度控制在95%～100%范围内，贮存在周围气体为氧气含量为1%～2%，二氧化碳气体含量为1%～2%，乙烯气体的含量低于0.5毫克/千克的环境中，贮藏4～6个月；贮藏中国大白菜时，应当剥去大白菜外层有伤或有病的菜叶。本发明所提供的中国大白菜保鲜方法能够使新鲜中国大白菜贮藏4～6个月，贮藏后的中国大白菜品质基本保持不变，新鲜饱满。